CALCUL MENTAL

CALCUL MENTAL

Prochaine publication (fin 2024) :
**NOUVELLES**
***OMBRE ET LUMIÈRE***
**Recueil pluriel**
**fantastique, humour, fantaisie, suspense, angoisse...**

En préparation, un livre de poésie

# CALCUL MENTAL

*facile*

## TRUCS ET ASTUCES
### pour les adultes

## Jonglez avec les nombres

Louis-Lucien DUPONT

# CALCUL MENTAL

Tous droits réservés pour tous pays.

L'alinéa 1er de l'article L. 122-4 du Code de la propriété intellectuelle et artistique déclare illicite toute copie, reproduction, représentation, adaptation, transformation, ou traduction, intégrale ou partielle, faite sans le consentement de l'auteur ou de ses ayants droit ou ayants cause.
Cette copie, reproduction, représentation, adaptation, transformation, ou traduction, par quelque procédé que ce soit, et sur quelque support que ce soit, constituerait une contrefaçon, sanctionnée par les articles 425 et suivants du Code pénal.

ISBN : 9798360604853

Dépôt légal : décembre 2022.

© 2022.

CALCUL MENTAL

# TABLE DES MATIÈRES

**INTRODUCTION** page 11

**CHAPITRE I : ADDITION** page 17
    **1.1. :** Somme de deux nombres de deux chiffres. page 18
    **1.2. :** Somme de deux nombres de trois ou quatre chiffres. page 21
    **1.3. :** Somme de trois (ou plus) nombres de deux, trois ou quatre chiffres. page 23
    **1.4. :** Somme de deux nombres de deux chiffres dont le chiffre des dizaines de l'un est le chiffre des unités de l'autre et réciproquement. page 25
    **1.5. :** Raisonnement vs calculs. page 28
    **1.6. :** Exercices. page 28

**CHAPITRE II : SOUSTRACTION** page 31
    **2.1. :** Soustraction de deux nombres de deux chiffres. page 31
    **2.2. :** Soustraction de deux nombres de trois chiffres. page 32
    **2.3. :** Mélange d'additions et de soustractions. page 34
    **2.4. :** Exercices. page 35

**CHAPITRE III : MULTIPLICATION** page 37

    **3.1. :** Produit de deux nombres de deux chiffres. page 37
        **3.1.1. :** Méthode générale. page 37

# CALCUL MENTAL

3.1.2. : Méthode pour cas particuliers.  page 39
  3.1.2.1. : Multiplication par un nombre à un chiffre.  page 39
  3.1.2.2. : Carré d'un nombre se terminant par cinq.  page 41
  3.1.2.3. : Carré d'un nombre se terminant par vingt-cinq.  page 43
  3.1.2.4. : Carré d'un nombre de deux chiffres.  page 43
  3.1.2.5. : Produit de deux nombres de deux chiffres dont la somme des chiffres des unités est égale à dix et dont les chiffres des dizaines sont identiques.  page 44
  3.1.2.6. : Produit de deux nombres de deux chiffres dont la somme des chiffres des dizaines vaut dix et dont le chiffre des unités est le même.  page 45
  3.1.2.7. : Utilisation d'une identité remarquable.  page 46
    3.1.2.7.1. : Identité $(a + b) \cdot (a - b) = a^2 - b^2$.  page 46
    3.1.2.7.2. : Identité $(a + 1)^2 = a^2 + 2 \cdot a + 1$.  page 48
    3.1.2.7.3. : Identité $(a + b)^2 = a^2 + 2 \cdot a \cdot b + b^2$.  page 49
  3.1.2.8. : Produit de deux nombres de deux chiffres dont le chiffre des unités est le même et dont la somme des chiffres des dizaines vaut cinq.  page 50

3.1.2.9. : Produit de deux nombres de deux chiffres dont le chiffre des dizaines est le même et dont la somme des chiffres des unités vaut cinq. page 52
3.1.3. : Produit de deux nombres de trois chiffres. page 53
3.1.4. : Multiplication posée sur une feuille de papier mais sans écrire les résultats intermédiaires. page 54
3.1.5. : Quelques astuces à connaître. page 56
  3.1.5.1. : Multiplication par 5. page 56
  3.1.5.2. : Multiplication par 25. page 56
  3.1.5.3. : Multiplication par 50. page 57
  3.1.5.4. : Multiplication par 11. page 57
  3.1.5.5. : Multiplication par 12. page 58
  3.1.5.6. : Multiplication par 15. page 59
  3.1.5.7. : Multiplication par 9. page 59
3.1.6. : Exercices. page 59
3.1.7. : Complément : méthode graphique japonaise. page 60
3.1.8. : Choix de la méthode. page 61
3.1.9. : Autres méthodes particulières. page 63
  3.1.9.1. : Multiplication par 0,25. page 63
  3.1.9.2. : Multiplication par 0,5. page 63
  3.1.9.3. : Multiplication par 0,75. page 63
  3.1.9.4. : Multiplication par une puissance quelconque de 2. page 64
  3.1.9.5. : Quelques multiplications aux résultats amusants et curieux. page 64
  3.1.9.6. : Un petit tour de mathémagie. page 66
  3.1.9.7. : Exercices. page 66

## CALCUL MENTAL

| | |
|---|---|
| **CHAPITRE IV : DIVISION** | page 69 |
| 4.1. : Généralités. | page 69 |
| 4.2. : Divisions particulières. | page 71 |
| 4.2.1. : Division par 0,25. | page 71 |
| 4.2.2. : Division par 0,4. | page 71 |
| 4.2.3. : Division par 0,5. | page 72 |
| 4.2.4. : Division par 5. | page 72 |
| 4.2.5. : Division par 25. | page 72 |
| 4.2.6. : Division par une puissance quelconque de 2. | page 73 |
| 4.3. : Critères de divisibilité. | page 73 |
| 4.3.1. :   Divisibilité par 2. | page 73 |
| 4.3.2. :   Divisibilité par 3. | page 74 |
| 4.3.3. :   Divisibilité par 4. | page 75 |
| 4.3.4. :   Divisibilité par 5. | page 75 |
| 4.3.5. :   Divisibilité par 6. | page 75 |
| 4.3.6. :   Divisibilité par 7. | page 75 |
| 4.3.7. :   Divisibilité par 8. | page 76 |
| 4.3.8. :   Divisibilité par 9. | page 76 |
| 4.3.9. :   Divisibilité par 10. | page 77 |
| 4.3.10. : Divisibilité par 11. | page 77 |
| 4.3.11. : Divisibilité par 12. | page 77 |
| 4.3.12. : Divisibilité par 13. | page 77 |
| 4.3.13. : Divisibilité par 14. | page 78 |
| 4.3.14. : Divisibilité par 15. | page 78 |
| 4.3.15. : Divisibilité par 16. | page 78 |
| 4.3.16. : Divisibilité par 17. | page 79 |
| 4.3.17. : Divisibilité par 25. | page 79 |
| 4.3.18. : Divisibilité par 50. | page 79 |
| 4.3.19. : Divisibilité par 100. | page 80 |
| 4.3.20. : Divisibilité par 1000. | page 80 |
| 4.4. : Décomposition d'un nombre entier en produit de facteurs premiers. | page 80 |
| 4.5. : Une erreur fréquente sur les pourcentages. | page 81 |

4.6. : Une « arnaque commerciale »        page 82
4.7. : Exercices.                          page 82
   4.7.1. : Divisions.                    page 82
   4.7.2. : Décomposition en produit de
         facteurs premiers.               page 83
   4.7.3. : Divisibilité.                 page 83

**CHAPITRE V : EXTRACTION D'UNE
               RACINE CARRÉE**        page 85
   5.1. : Racine carrée exacte.           page 85
   5.2. : Racine carrée approchée.        page 88
   5.3. : Exercices.                      page 89

**CHAPITRE VI : SOLUTION
                DES EXERCICES**      page 91
   6.1. : Addition.                       page 91
   6.2. : Soustraction.                   page 91
   6.3. : Multiplication.                 page 92
   6.4. : Division.                       page 93
   6.5. : Extraction d'une racine carrée. page 94

**ANNEXE : Tables de multiplication
         jusqu'à celle de 15.**               page 95

*PAGES POUR CALCULS*                       page 101

# CALCUL MENTAL

CALCUL MENTAL

# INTRODUCTION

Pourquoi vouloir écrire aujourd'hui un livre sur le calcul mental ? À l'ère des ordinateurs, des calculettes électroniques, d'Internet... ? Et d'abord, à quoi ça peut bien servir, le calcul mental ? À rien diront la plupart (pourtant ce serait bien utile parfois quand on vous rend la monnaie dans un magasin !). Donc, mettons tout de suite les choses au point. Je n'ai pas l'intention dans les pages qui suivent de vous inciter à abandonner vos téléphones portables en mode calculette, non, je veux juste vous proposer d'apprendre à calculer vite et bien, de tête, *pour le plaisir*. Pour le plaisir, c'est du masochisme, penseront certains d'entre vous ! Eh bien, ce livre n'est pas pour eux.

Mais ce plaisir, vous ne l'obtiendrez que si vous avez la motivation d'apprendre ce jeu nouveau, juste pour vous divertir. Et étonner votre entourage : répondre instantanément que 96·94 = 9024 ; ou bien que 58·52 = 3016 (le point entre les nombres représente le signe de la multiplication). Et quand je dis « instantanément », ce n'est pas une parole en l'air, vous aurez vite l'occasion de vous en apercevoir. Et j'espère que cela sera source de joie pour vous et vous motivera pour continuer l'apprentissage.

Enfin, je dois à l'honnêteté de dire, et vous découvrirez cela dans les pages qui suivent, qu'il existe plusieurs méthodes de multiplication de deux nombres de deux chiffres (les autres opérations se prêtent moins à une variété de méthodes). Et qu'elles ne sont pas de rapidité identique. Et que la difficulté principale de votre apprentissage sera de décider le plus rapidement possible quelle méthode vous devrez appliquer, en fonction de la structure des nombres faisant l'objet du calcul.

Avec de l'entraînement, vous verrez que les progrès sur ce point seront rapides.

Le livre que vous tenez entre vos mains ne vous apprendra pas à devenir un calculateur prodige, il n'y sera question au maximum que de nombres pouvant atteindre dix chiffres, mais la quasi-totalité de ceux que vous aurez à utiliser ne dépasseront pas cinq chiffres. Cela suffira largement à vous étonner vous-même de vos possibilités. Quant à vos proches, parents, amis, collègues, ils vous verront sûrement d'un autre œil. Et certainement avec un brin de jalousie.

Par ailleurs, au début de votre entraînement, je vous recommande d'écrire sur un bout de papier les nombres avec lesquels doit s'effectuer l'opération (pour votre commodité, j'ai placé en fin de volume quelques pages blanches destinées à cela). Mais, avec de la pratique, vous n'aurez plus besoin de cette aide. Quand vous serez libéré de la contrainte d'écrire les nombres afin de mieux les visualiser, il vous faudra mentalement « voir » les deux termes, disons d'une multiplication, l'un au-dessous de l'autre, comme si vous posiez l'opération sur un cahier. Voir ces deux termes comme si vous les regardiez sur l'écran de votre ordinateur. Ce sera la première étape de votre apprentissage du calcul mental : bien percevoir dans votre tête les membres de l'opération que vous avez l'intention d'effectuer. Entraînez-vous d'abord à faire cela. C'est essentiel. Bien sûr, si vous vous sentez plus à l'aise en visualisant les nombres à la suite l'un de l'autre, ne vous forcez pas à les voir l'un sous

## CALCUL MENTAL

l'autre. Il faut que vous vous sentiez le plus confortable possible.

Les chapitres sur l'addition, la soustraction, la division et l'extraction de racines carrées sont classiques et ne comportent pas de recettes « miracles ». Contrairement à celui sur la multiplication, qui devrait vous surprendre grandement : certaines astuces vous permettront de trouver le résultat d'une multiplication de façon quasi instantanée, comme le produit 78·38, qui est égal à 2964, ou bien le carré de 95, qui est égal à 9025, ou même le carré de 125 qui vaut 15 625.

Quand je parlerai de *nombres* dans ce livre, il s'agira de nombres entiers naturels (les nombres usuels, 0, 1, 2, 3... [certains auteurs ne considèrent pas 0 comme un nombre entier naturel mais je ne suivrai pas cette voie]). Cependant il pourra apparaître parfois, lorsque vous effectuerez une division par exemple (comme 87/17 = 5,11764706... [le symbole « / » représentant le signe de la division]), des nombres rationnels, c'est-à-dire des nombres qui sont le quotient de deux nombres entiers. Ces nombres peuvent avoir une infinité de décimales comme 2/3 = 0,6666... ou un nombre fini comme 3/4 = 0,75.

Par ailleurs, je rappelle que l'on désigne par *chiffre* les symboles 0, 1, 2... 9 qui servent à former les nombres entiers usuels. On évoquera donc le chiffre des unités, le chiffre des dizaines... d'un nombre. Ainsi 79 est un nombre formé des deux chiffres 7 et 9, le chiffre des unités étant 9 et celui des dizaines 7.

Le seul prérequis pour la mise en œuvre des techniques que je propose est une bonne connaissance des tables d'addition et de multiplication usuelles. Je vous conseille par ailleurs de bien assimiler le chapitre sur les additions avant de passer aux autres opérations, car ces dernières nécessitent le plus souvent d'avoir recours à des additions.

J'insiste sur le fait que cet ouvrage ne comporte pas de mathématiques poussées. Il n'y est question que des quatre opérations élémentaires (addition, soustraction, multiplication et division) et de l'extraction de racines carrées. Pas d'équations ou autres difficultés mathématiques.

Et le conseil le plus important, qui vous servira tout au long de ce livre, est <u>*calculez toujours de la gauche vers la droite contrairement à ce que vous avez appris à l'école, lorsque vous pouviez effectuer les opérations en les écrivant sur votre cahier*</u>.

Et entraînez-vous, entraînez-vous encore. Quelques minutes tous les jours. Mais vraiment tous les jours. Même le dimanche. Vous verrez vite les progrès réalisés. Et cela vous motivera. Quelques minutes par jour, vous devriez les trouver sans problème. Vous pouvez même vous entraîner en effectuant une tâche routinière, comme passer l'aspirateur, ou en regardant la télé, pendant les pubs. Ou avant de vous endormir, au lieu de compter des moutons.

Je précise en outre que ce cours est émaillé d'exercices dont la solution est donnée à la fin du livre. J'ai aussi ajouté dans le chapitre sur les divisions un paragraphe sur les critères de divisibilité, un autre sur une erreur fréquente concernant les pourcentages, et un sur une « arnaque » commerciale. Et j'ai inclus à titre de curiosité, dans le chapitre sur les multiplications, un paragraphe sur la méthode graphique dite japonaise (bien que n'ayant aucunement une origine japonaise) et un autre sur des multiplications curieuses et amusantes dont je tenais à vous faire profiter.

# CALCUL MENTAL

Enfin, à qui s'adresse cet ouvrage ? PAS BESOIN D'ÊTRE DOUÉ EN MATHÉMATIQUES. Les méthodes exposées ici sont simples, voire très simples, et ne requièrent aucune connaissance particulière, à part une parfaite maîtrise des tables de multiplication et d'addition. J'ai d'ailleurs joint en annexe les tables de multiplication jusqu'à celles de 11, 12, 13, 14 et 15.

Ce livre est destiné à toutes celles et tous ceux qui veulent jongler avec les nombres, les apprivoiser, s'en faire des amis, étonner leurs proches, mais surtout sans jamais se prendre au sérieux. Il faut que cela ne constitue aucunement une corvée et vous procure un maximum de plaisir.

Autant de plaisir que j'en ai éprouvé en l'écrivant.

Et maintenant, il ne me reste plus qu'à vous dire *Bon voyage au pays des nombres*. Amusez-vous. Prenez du bon temps. C'est tout ce que je vous souhaite.

**Louis-Lucien DUPONT**

# CALCUL MENTAL

CALCUL MENTAL

# CHAPITRE I : ADDITION

Le seul prérequis pour ce chapitre est une bonne connaissance des tables d'addition. Disons qu'il faut savoir calculer mentalement jusqu'à 20 plus 20. Il faut que 9 + 7 ne vous pose aucun problème et que 16 vous vienne à l'esprit dès que vous voyez les deux termes de l'addition. Ou bien que vous trouviez instantanément que 17 + 14 = 31 et que 19 + 18 = 37 (dans votre tête quand vous aurez eu un minimum de pratique). Au début de votre entraînement, vous effectuerez mentalement d'abord 17 + 10, soit 27 auquel vous ajouterez 4 soit 31. Puis, avec l'habitude, vous verrez instantanément 31 comme somme de 17 et 14. Et je vous conseille de ne commencer à effectuer des opérations (en l'occurrence d'abord les additions) que lorsque vous en maîtriserez bien les tables.

L'essentiel, dans la pratique du calcul mental, quelle que soit l'opération considérée, _consiste à effectuer les opérations en partant de la gauche_, et non, comme lorsqu'on pose l'opération, de la droite. Ainsi, non seulement on effectue les calculs beaucoup plus facilement, mais l'on obtient immédiatement un ordre de grandeur du résultat. Considérons par exemple la somme 156 + 459 + 189. En ne considérant que le chiffre des centaines, on trouve 600, ce qui ne constitue pas un très bon ordre de grandeur, mais en prenant en compte également le chiffre des dizaines, on obtient 78, soit 780 pour l'ordre de grandeur du résultat, ce qui est satisfaisant car le résultat exact est 804 (l'erreur est de l'ordre de 3%).

La dénomination « nombre » désigne, comme précisé dans l'introduction, un nombre entier positif ou nul (0, 1, 2,

## CALCUL MENTAL

3, ...), c'est-à-dire celui auquel vous êtes habitué dans la vie courante.

Notez que je ne vais pas donner de méthode spécifique, mais plutôt expliciter la (ou les) méthodes sur quelques exemples. Cela s'appliquera d'ailleurs, au moins en partie, aux autres opérations, pour lesquelles je fournirai plutôt des exemples significatifs que des méthodes générales (sauf dans le cas de la multiplication pour laquelle beaucoup de techniques et d'astuces seront proposées au lecteur).

### 1.1. Somme de deux nombres de deux chiffres.

Soit à calculer 37 + 64. On décompose (mentalement) l'opération comme suit :

$$37 + 64 = (30 + 60) + (7 + 4) = 90 + 11 = 101.$$

Mais on pourrait aussi (c'est une question de feeling, il n'est pas interdit au début de prendre un peu de temps pour trouver la méthode qui vous convient le mieux), décomposer l'opération en :

$$(37 + 60) + 4 = 97 + 4 = 101.$$

Ou bien sûr en :

$$(30 + 64) + 7 = 94 + 7 = 101.$$

Quand vous serez assez entraîné, vous verrez en un éclair la suite 37, 60, 97 (et à ce stade, il vous faut oublier 37 et 60), 4, 101, et même en fait tout simplement 97, 101.

# CALCUL MENTAL

Et avec un peu plus d'entraînement, le résultat 101 vous apparaîtra instantanément dès que vous aurez visualisé les deux termes de l'addition.

Calculons maintenant par exemple 89 + 76. On obtient alors la séquence suivante : 80, 70, 150 (et on oublie 80 et 70), 9, 159 (et on oublie 9 et 150), 6, 165 qui est le résultat cherché. Avec l'entraînement, ces séquences d'oubli des valeurs intermédiaires devront devenir automatiques.

Pour ce calcul particulier, il est aussi possible de voir que 89 = 90 − 1 et l'on peut donc écrire :

$$89 + 76 = 90 + 76 - 1 = 166 - 1 = 165.$$

Vous pouvez remarquer que la principale difficulté du calcul mental consiste dans le choix de la méthode. C'est pour cela que je vous incite à prendre un peu de temps au début pour faire le bon choix. Mais il faut que cela devienne très vite quasi instantané et ne doit pas vous faire perdre de temps.

Un dernier exemple, semblant peut-être plus difficile, parce qu'on a affaire à de (relativement) grands nombres (la difficulté en calcul mental augmente simplement le temps de réalisation de l'opération ; vous pourrez vous chronométrer et verrez ainsi les progrès réalisés, ce qui sera particulièrement motivant).

Soit à calculer 99 + 98. On peut bien sûr écrire que cette somme est égale à :

$$(90 + 90) + 9 + 8 = 180 + 17 = 197.$$

## CALCUL MENTAL

Mais dans ce cas particulier, il est aussi pertinent (et j'insiste en rappelant que la difficulté en calcul mental réside dans le choix de la méthode le plus rapidement possible) de se rendre compte que cette opération consiste à ajouter deux fois 100 puis à retrancher 1 et 2 au résultat. Ce qui donne immédiatement 200 − 3 = 197.

Il est bien sûr aussi possible de voir que cette somme est égale à 100 − 1 + 98 = 198 − 1 = 197, méthode qui est sans doute dans ce cas la plus rapide.

On peut également, pour effectuer la somme de deux nombres, ajouter à l'un et ôter à l'autre un même nombre, ce qui ne change pas le résultat. En effet on a :

$$(a + c) + (b - c) = a + b.$$

Ainsi soit à calculer 47 + 36. On ajoute 3 à 47 et on retranche 3 à 36, ce qui donne 50 + 33 = 83.

Un dernier exemple pour clore ce paragraphe.

Soit à calculer 27 + 42.

On a (au moins) cinq décompositions possibles :

1) 27 + 42 = 20 + 40 + 7 + 2 = 69.
2) 27 + 42 = 27 + 40 + 2 = 69.
3) 27 + 42 = 20 + 42 + 7 = 69.
4) 27 + 42 = 20 + 40 + 9 = 69.
5) 27 + 42 = 27 + 3 + 42 − 3 = 30 + 39 = 69.

Le choix de la décomposition viendra spontanément avec l'entraînement, beaucoup d'entraînement.

CALCUL MENTAL

### 1.2. <u>Somme de deux nombres de trois ou quatre chiffres</u>.

Soit à calculer la somme 765 + 369. On décompose (comme au paragraphe 1.1.) cette opération de la façon suivante :

765 + 369 = 700 + 300 + 60 + 60 + 5 + 9.

On obtient donc la suite : 700, 1000, 1060, 1120, 1125, et enfin 1134 qui est le résultat cherché.

Avec de la pratique, vous verrez plutôt tout de suite la série 760, 360, 1120 (et on oublie 760 et 360), 5, 9, 14 (et on oublie 5 et 9), et enfin 1134. Et avec encore plus de pratique, vous verrez directement le résultat 1134. Je vous le garantis. Si vous vous entraînez régulièrement et si vous ne cherchez pas à brûler les étapes.

Mais dans les faits, il vous faudra plutôt voir la suite 765, 1065, 1125, 1134. L'astuce est de ne pas complètement décomposer la somme, mais de se servir du premier nombre tel quel (ici 765) en commençant l'addition, c'est-à-dire en effectuant 765 + 300 + 60 + 9.

Au début de votre entraînement, je vous conseille d'écrire les deux nombres à additionner, pour vous souvenir des chiffres sur lesquels vous avez à travailler. Mais avec l'habitude cela ne vous sera plus nécessaire. Et après tout, qui dit *calcul mental* dit que tout doit rester dans la tête, y compris les nombres sur lesquels on travaille (c'est-à-dire les termes de l'addition, de la multiplication… sur lesquels vous opérez). Ne vous découragez pas si vous avez du mal avec ça au début. C'est normal et cela s'améliorera très vite .

## CALCUL MENTAL

Je vous suggère d'ailleurs, au tout début, de visualiser mentalement les termes de l'opération, mais sans effectuer cette dernière. Il vous faut visualiser tous les termes de l'opération, soit les uns au-dessous des autres, soit les uns à la suite des autres (méthode que je trouve personnellement moins commode, mais cela est subjectif). Cette gymnastique de l'esprit vous sera très utile quand vous commencerez vraiment le calcul proprement dit.

Je vous recommande également de vous entraîner d'abord à faire des additions simples comme 9 + 7, 14 + 9, 78 + 12, afin que, lorsque ce type d'additions sera devenu automatique (c'est-à-dire quand la somme vous apparaîtra instantanément sans que vous ayez eu l'impression d'avoir effectué le moindre calcul), cela ne vous gêne plus dans la réalisation des opérations que vous aurez à effectuer.

Soit à calculer maintenant 4156 + 6587. De la même façon que pour les nombres à deux ou trois chiffres, on calcule de gauche à droite en oubliant toujours le résultat précédent (c'est très important pour ne pas s'encombrer la mémoire, même si c'est peut-être ce qui vous paraîtra le plus difficile au cours de votre entraînement).

On a donc ici à effectuer la somme :

(4000 + 6000) + (100 + 500) + (50 + 80) + (6 + 7).

On obtient alors la suite 4000, 10 000 (on oublie 4000), 10 100 (on oublie 10 000), 10 600 (on oublie 10 100), 10 650 (on oublie 10 600), 10 730 (on oublie 10 650), 10 736 (on oublie 10 730), et 10 743 qui est le résultat cherché. Bien sûr, avec l'habitude, il n'est pas interdit (c'est même fortement recommandé) de regrouper des étapes et d'obtenir par exemple ici la suite 10 000, 10 600, 10 730, 10 743.

## CALCUL MENTAL

On peut également calculer cette somme de la façon suivante :

$$4100 + 6500 = 10\ 600 \text{ et } 56 + 87 = 143$$

Je vous recommande chaudement de vous entraîner encore et encore jusqu'à ce que toutes ces opérations deviennent automatiques. Quelques minutes par jour seront suffisantes, disons une dizaine de minutes afin de rester concentré. Mais vous devrez le faire tous les jours. Sans exception. Vous trouverez bien dix minutes à accorder chaque jour à ce qui deviendra vite pour vous une passion et vous procurera beaucoup de plaisir. D'autant plus que la pratique du calcul mental peut s'effectuer en même temps qu'une tâche routinière comme je l'ai déjà dit dans l'introduction.

### 1.3. Somme de trois (ou plus) nombres de deux, trois, ou quatre chiffres.

La méthode est identique, seule la difficulté est plus importante à cause de la plus grande concentration mentale nécessaire pour effectuer tous les calculs de tête, puisqu'il y a davantage de nombres à mémoriser.

Calculons par exemple :

$$259 + 584 + 416.$$

On décompose cette somme comme d'habitude en :

$$(200 + 500 + 400) + (50 + 80 + 10) + (9 + 4 + 6).$$

On obtient la suite 200, 700 (on oublie 200), 1100 (on oublie 700), 1150 (on oublie 1100), 1230 (on oublie 1150),

## CALCUL MENTAL

1240 (on oublie 1230), 1249 (on oublie 1240), 1253 (on oublie 1249), et 1259 qui est le résultat cherché.

Bien sûr, avec de l'entraînement on obtiendra plutôt la suite 200, 700, 1100, 1240 (parce que l'on doit voir quasi instantanément que $50 + 80 + 10 = 140$), et 1259 (car l'on remarque également en un clin d'œil que $9 + 4 + 6 = 19$).

**Effectuons maintenant la somme :**

$$4567 + 5782 + 6245.$$

On obtient la suite 4000, 9000, 15 000, 15 500, 16 200, 16 400, 16 460, 16 540, 16 580, 16 587, 16 589, et enfin 16 594 qui est le résultat. Quand vous aurez acquis assez d'expérience, vous visualiserez juste la séquence 4500, 5700, 6200, 16 400, 16 594 (on a décomposé l'addition en : $4500 + 5700 + 6200 + 67 + 82 + 45$).

Vous pourrez, si vous le voulez, quand vous posséderez la maîtrise complète des sommes précédentes, effectuer des additions de plus de trois nombres, où chaque nombre possédera plus de quatre chiffres. Toutefois, avec des nombres de quatre chiffres ou plus, la principale difficulté pour effectuer l'opération purement mentalement sera de se souvenir des nombres à additionner et des résultats intermédiaires. C'est pourquoi, du moins au début, vous pourrez écrire ces nombres. Des pages blanches sont à votre disposition, pour cela, à la fin du livre.

Par exemple, calculons la somme :

$$54\ 894 + 48\ 522 + 69\ 874 + 47\ 895.$$

# CALCUL MENTAL

Puisque vous maîtrisez maintenant les sommes de nombres à deux chiffres, on va donc écrire (mentalement) 54 000 + 48 000 + 69 000 + 47 000 = 218 000 (en fait on calcule simplement 54 + 48 + 69 + 47 = 218). On continue avec 890 + 520 + 870 + 890 = 3170 (o
n fait simplement l'addition  89 + 52 + 87 + 89) que l'on ajoute à 218 000 soit 221 170. Il ne reste plus qu'à ajouter les unités, soit 4 + 2 + 4 + 5 = 15 ce qui donne le résultat de l'addition qui est donc 221 185.

### 1.4. Somme de deux nombres de deux chiffres dont le chiffre des dizaines de l'un est celui des unités de l'autre et réciproquement.

À partir de ce paragraphe, la multiplication littérale de deux nombres $a$ et $b$ est notée $a \cdot b$ ; et le nombre dont le chiffre des dizaines est $c$ et le chiffre des unités est $d$ est noté $cd$. Donc $cd$ est un nombre tandis que $a \cdot b$ est un produit de deux nombres. Mais il faut bien remarquer que si $a = ef$ et si $b = gh$, alors $a \cdot b = ef \cdot gh$.

Il s'agit d'ajouter par exemple 94 à 49. Il suffit pour cela d'additionner les chiffres des dizaines et des unités de l'un des nombres (on obtiendrait évidemment le même résultat avec l'autre nombre) et de multiplier ce nombre par onze.

Soit ici 9 + 4 = 13 et 13·11 = 143 (la multiplication par onze est traitée au paragraphe 3.1.5.4.). C'est quand même plus rapide que de faire  94 + 49 = 94 + 50 − 1 = 143.

Les démonstrations de ce paragraphe et des suivants sont placées entre des astérisques et n'ont pas besoin d'être lues par les lectrices et lecteurs non intéressés.

## CALCUL MENTAL

\* **En effet, soit $10 \cdot a + b$ un nombre de deux chiffres (ici $a$ et $b$ représentent des chiffres, $a$ celui des dizaines et $b$ celui des unités).**

On a donc :

$$10 \cdot a + b + 10 \cdot b + a = 10 \cdot a + 10 \cdot b + a + b = 11 \cdot a + 11 \cdot b$$

$$= 11 \cdot (a + b), \text{ d'où la règle. *}$$

**Cherchons maintenant la somme de 54 et 45.**

**On a :**

54 + 45 = 99 (on multiplie (5 + 4) par 11).

Il est à noter que cette méthode n'est pas forcément toujours plus rapide que la méthode générale mais elle utilise des opérations plus simples. Le choix de la méthode reviendra pour vous à favoriser celle dans laquelle vous vous sentez le plus à l'aise. Et surtout, il faut voir en un clin d'œil que 54 + 45 correspond aux données de ce paragraphe (5 des dizaines du premier nombre correspond au 5 des unités du second nombre et 4 des unités du premier correspond au 4 des dizaines du second).

**Un dernier exemple :**

**Calculons 98 + 89.**

**On a :**

98 + 89 = 187 (on multiplie (9 + 8), soit 17, par 11).

## CALCUL MENTAL

Remarque : si les nombres à additionner possèdent trois chiffres et si le chiffre des centaines du premier est égal au chiffre des unités du second, alors que leur chiffre des dizaines est identique, et que le chiffre des unités du premier est égal au chiffre des centaines du second, il y a deux cas que je vais traiter sur des exemples, sans démonstration.

Soit à calculer 423 + 324. On ajoute le premier et le dernier chiffre d'un des deux nombres, ce qui donne 7 (le résultat serait évidemment identique si l'on considérait l'autre nombre). Ce sera le chiffre des centaines et celui des unités du résultat. Ensuite on double le chiffre des dizaines soit 4. Le résultat est 747. On voit que, pour que ce procédé fonctionne, il faut que la somme des chiffres extrêmes ainsi que le double du chiffre du milieu des nombres à additionner soient inférieurs à 10.

Si la somme des chiffres extrêmes et/ou le double du chiffre du milieu sont supérieurs à dix, on procède comme suit. Soit à calculer 764 + 467. On ajoute le premier et le dernier chiffre de l'un des deux nombres ce qui donne 11. Le chiffre des unités de la somme sera donc 1. On double le chiffre du milieu soit 12 à quoi on ajoute la retenue 1 ce qui donne 13. Le chiffre des dizaines sera donc 3. Quant au chiffre des centaines, ce sera le 11 de la somme du premier et du dernier chiffre auquel on ajoute la retenue 1 soit 12. La somme 764 + 467 est donc égale à 1231.

Pour clore ce paragraphe, calculons 876 + 678.

On a : 8 + 6 = 14. Le chiffre des unités sera 4. Le double de 7 est 14 qui, avec la retenue, fait 15. Le chiffre des dizaines sera donc 5. Quant au chiffre des centaines, ce sera le 14 de la somme du premier et du dernier chiffre, plus la retenue 1, soit un résultat de 1554.

# CALCUL MENTAL

## 1.5. Raisonnement vs calculs.

Voici maintenant pour terminer ce chapitre une petite amusette où le raisonnement s'avère supérieur aux calculs non réfléchis.

Le Tournoi de tennis de Roland-Garros démarre avec 128 joueurs qui jouent donc les 64e de finale. Les vainqueurs des matches se retrouvent en 32e de finale et ainsi de suite jusqu'à la finale qui décide du vainqueur. On demande quel est le nombre de parties qui ont été jouées durant le Tournoi.

Bien sûr, si vous êtes courageux, vous pouvez faire la somme 64 + 32 + ... + 2 + 1.

Mais un raisonnement d'une seconde met en évidence que chaque partie élimine un joueur, qu'il faut en éliminer 127 et que 127 parties auront donc été jouées.

Les incrédules pourront vérifier que la somme ci-dessus donne bien 127 comme résultat.

On peut utiliser ce raisonnement pour calculer, par exemple, 1 + 2 + 4 + 8 + ... + 512 + 1024. Il suffit de multiplier 1024 par 2 (correspondant au nombre de joueurs, ce qui correspond à 1024 parties jouées au premier tour) soit 2048, et de retrancher 1 (le vainqueur).

La somme est donc 2047.

## 1.6. Exercices.

Les solutions de tous les exercices sont données au Chapitre VI.

## CALCUL MENTAL

**Calculer les sommes suivantes :**

1) 23 + 45 ;
2) 89 + 78 ;
3) 98 + 48 ;
4) 48 + 51 ; (jusque là c'est de l'échauffement)
5) 453 + 789 ;
6) 7895 + 4782 ;
7) 1564 + 4786 ;
8) 125 + 154 + 789 ;
9) 7869 + 4562 + 1589 ;
10) 15 789 + 456 + 4598 + 12 568 ;
11) 14 789 + 45 891 + 47 256 + 47 126 ;
12) 56 + 65.

# CALCUL MENTAL

CALCUL MENTAL

# CHAPITRE II : SOUSTRACTION

### 2.1. Soustraction de deux nombres de deux chiffres.

Je vais, ici aussi, exposer, au travers de quelques exemples, les différentes méthodes utilisables.

Soit à calculer :

$$79 - 47.$$

On effectue la soustraction de la façon suivante :

$$79 - 47 = (80 - 1) - (40 + 7),$$

ce qui revient à minorer le plus grand nombre et majorer le plus petit. On continue en effectuant :

$$(80 - 40) - 1 - 7 = 40 - 8 = 32 \text{ qui est le résultat cherché.}$$

On pourrait, bien entendu, calculer plutôt :

$$70 - 40 + 9 - 7 = 30 + 2 = 32.$$

Il est également possible de voir que pour atteindre 79 en partant de 47 il faut ajouter 30 ce qui donne 77 puis 2 pour arriver à 79. On obtient bien 32 comme résultat.

Calculons maintenant $82 - 37$.

De la même façon que précédemment, on peut soit calculer :

## CALCUL MENTAL

$$(80 - 30) + (2 - 7) = 50 - 5 = 45.$$

**Soit effectuer :**

$$(82 - 40) + 3 = 42 + 3 = 45.$$

**Il est aussi possible de voir que pour aller de 37 à 77, il faut ajouter 40, et de 77 à 82, il faut ajouter 5, d'où le résultat 45.**

**Soit à calculer maintenant 89 − 42.**

**On a :**

**89 − 40 = 49 et 49 − 2 = 47, donc 89 − 42 = 47.**

**Ou bien, on peut, comme précédemment, voir qu'il faut ajouter 40 pour aller de 42 à 82 et 7 pour aller de 82 à 89 d'où le résultat 47.**

**On peut aussi ajouter ou soustraire aux deux nombres une même quantité (ce qui ne change pas le résultat de la soustraction [en effet on a : $a - b = (a + c) - (b + c)$]) pour que l'un des deux nombres facilite le calcul. Par exemple dans le cas de 89 − 42, on peut soustraire 2 aux deux nombres ce qui donne 87 − 40 = 47.**

### 2.2. Soustraction de deux nombres de trois chiffres.

**Comme toujours, je vais donner quelques exemples représentatifs plutôt qu'une méthode générale.**

**Soit à calculer 489 − 264.**

**On développe la soustraction comme suit :**

## CALCUL MENTAL

$(400 - 200) + (80 - 60) + (9 - 4) = 200 + 20 + 5 = 225$.

On a ici une somme de trois nombres positifs.

Mais on pourrait également dire que pour aller de 264 à 300 il faut ajouter 36, de 300 à 400, il faut ajouter 100, et de 400 à 489 il faut ajouter 89 ce qui fait un total de 225.

Si l'on veut maintenant calculer, par exemple :

$423 - 259$.

On obtient:

$(400 - 200) + (20 - 50) + (3 - 9) = 200 - 30 - 6 = 164$.

Ici, on a un signe « moins » dans les deuxième et troisième parenthèses. Il faut simplement faire attention aux signes quand on effectue l'opération.

Terminons ce paragraphe en calculant :

$789 - 458 - 392$.

On a :

$700 - 400 - 300 + 80 - 50 - 90 + 9 - 8 - 2 = ?$

L'opération est impossible en ne s'autorisant que des résultats positifs. Si l'on s'autorise des nombres négatifs, le résultat de cette soustraction est (on effectue la soustraction $458 + 392 - 789 = 850 - 789 = 61$ et on met un « moins » devant le résultat) :

$789 - 850 = - 61$.

CALCUL MENTAL

## 2.3. Mélange d'additions et de soustractions.

Soit par exemple à calculer :

68 + 56 − 32 − 41 + 89.

On regroupe d'une part les sommes et d'autre part les différences puis on termine l'opération. On obtient ainsi :

(68 + 56 + 89) − (32 + 41).

Il est à noter que le signe à l'intérieur de la seconde parenthèse est « plus » pour qu'en décomposant cette parenthèse, on retrouve bien les deux « moins ».

On a donc :

68 + 56 − 32 − 41 + 89 = 213 − 73 = 140.

Calculons à présent :

456 + 48 − 486 + 126 + 42 − 113.

On obtient :

(456 + 48 + 126 + 42) − (486 + 113) = 672 − 599 = 73.

Je terminerai ce paragraphe par un exemple différent des précédents.

Soit à calculer :

145 + 564 −789 − 123.

# CALCUL MENTAL

On a, en regroupant les termes :

$(145 + 564) − (789 + 123) = 709 − 912 = − 203$.

Dans ce cas, le résultat est négatif.

**2.4. Exercices.**

Effectuer les opérations suivantes :

1) $478 − 125$ ;
2) $46 − 32$ ;
3) $7898 − 4589$ ;
4) $789 − 458$ ;
5) $721 − 659$ ;
6) $478 − 562 + 41$ ;
7) $125 − 35 + 486$ ;
8) $457 − 478 + 7985 + 45 − 1456$ ;
9) $48\,975 + 45 − 1458 − 875$ ;
10) $35 − 14\,897 + 569 − 4578 + 7845$ ;
11) $1256 + 789 + 458 − 4895$ ;
12) $458 + 479 − 532 + 178$.

# CALCUL MENTAL

CALCUL MENTAL

# CHAPITRE III : MULTIPLICATION

Les seuls prérequis pour ce chapitre sont une bonne maîtrise des additions et une parfaite connaissance des tables de multiplication. À cet effet j'ai joint en annexe (page 95 et suivantes.) les tables de multiplication jusqu'à celles de 11, 12, 13, 14 et 15 dont je pense que leur connaissance pourra vous faciliter la tâche. Vous devrez bien les maîtriser avant de commencer les multiplications proprement dites.

### 3.1. Produit de deux nombres de deux chiffres.

#### 3.1.1. Méthode générale.

Dans ce qui suit, comme déjà exposé au paragraphe 1.4., $ab$ représente le nombre dont le chiffre des dizaines est $a$ et celui des unités $b$. Et $a \cdot b$ ou bien $10 \cdot a$, ou bien $a \cdot 7$ représentent respectivement les produits de $a$ par $b$, de 10 par $a$, et de $a$ par 7.

$ab$ est donc un nombre de deux chiffres qui est égal à $10 \cdot a + b$. Considérons deux nombres de deux chiffres $ab$ et $cd$ que nous désirons multiplier. La méthode consiste simplement <u>à effectuer la multiplication en commençant par le chiffre des dizaines</u> et non par celui des unités comme lorsque l'on pose l'opération, méthode que vous avez apprise sur les bancs de l'école.

En pratique, cela revient à effectuer les opérations suivantes :

$$(10 \cdot a + b) \cdot (10 \cdot c + d) = 100 \cdot a \cdot c + 10 \cdot (b \cdot c + a \cdot d) + b \cdot d.$$

# CALCUL MENTAL

Cela peut paraître compliqué mais en réalité c'est très simple, à condition de ne retenir que le dernier nombre obtenu lors des multiplications et des additions successives (*pour ne pas s'encombrer l'esprit avec des résultats intermédiaires ; je le répète, car c'est finalement le plus important quand on veut maîtriser le calcul mental*).

Voyons cela sur un exemple.

Soit à effectuer la multiplication :

$$47 \cdot 69.$$

Nous avons donc à effectuer la série d'opérations suivantes :

$4 \cdot 6 = 24$ à quoi nous ajoutons deux zéros, ce qui donne 2400 (ajouter les deux zéros revient à multiplier 40 par 60 ce qui montre que le résultat sera un nombre de quatre chiffres, ce que l'on peut observer en effectuant le produit $40 \cdot 60 = 2400$ qui donne un ordre de grandeur grossier mais permet d'obtenir le nombre de chiffres significatifs du résultat) ; on continue en posant $(7 \cdot 6) + (9 \cdot 4) = 42 + 36 = 78$ à quoi on ajoute un zéro soit 780 (ce qui revient à multiplier 7 par 60 puis 9 par 40 puis ajouter les deux produits) ; et l'on ajoute ce nombre à 2400 ce qui donne 3180 ; il ne reste plus qu'à multiplier 7 par 9 soit 63 que l'on ajoute. Le résultat est donc 3243.

Avec un peu d'habitude, vous aurez simplement la suite :

24, 2400, 78, 780, 3180, 63, 3243, et on n'oublie pas de zapper le dernier nombre obtenu lorsque l'on en calcule un nouveau.

## CALCUL MENTAL

Il est à remarquer, dans ce cas particulier (et, je le répète, c'est ce qui fait la difficulté principale du calcul mental, le choix de la méthode qui devra à terme s'effectuer quasi instantanément), que l'on aurait pu écrire :

$47 \cdot 69 = 47 \cdot (70 - 1) = 3290 - 47 = 3290 - 50 + 3 = 3243.$

Considérons maintenant la multiplication suivante :

$46 \cdot 62.$

On obtient la suite :

24, 2400, 44, 440, 2840, 12, et enfin 2852.

Là aussi, on aurait pu écrire :

$46 \cdot 62 = (46 \cdot 60) + 2 \cdot 46 = 2760 + 92 = 2852.$

Il est par ailleurs à noter que l'étude de la multiplication ne doit être entamée que lorsque l'on maîtrise bien l'addition, ce qui permet de ne pas perdre de temps avec les additions présentes dans la suite des calculs à effectuer.

### 3.1.2. Méthodes pour des cas particuliers.

#### 3.1.2.1. Multiplication par un nombre à un chiffre.

Pour multiplier un nombre à deux, trois, quatre ou cinq chiffres par un nombre à un chiffre, la méthode générale se simplifie. Voyons cela sur des exemples.

Soit à calculer $89 \cdot 7$ :

On effectue le calcul de la façon suivante :

## CALCUL MENTAL

$80\cdot 7 = 560$ puis $9\cdot 7 = 63$ d'où le résultat 623.

On aurait pu faire $89\cdot 7 = (90 - 1)\cdot 7 = 630 - 7 = 623$.

On voit que la difficulté principale est qu'il existe plusieurs façons d'obtenir le résultat et que parfois le choix entre ces méthodes n'est pas évident. Il vous faudra parvenir à un point où vous n'aurez plus d'hésitation. Le choix de la méthode doit être quasi instantané. Et surtout il faut que vous arriviez à être sûr de votre méthode afin de ne pas avoir à effectuer un retour en arrière. N'ayez crainte, vous obtiendrez cela par la pratique et l'entraînement.

Calculons maintenant $148\cdot 8$. On a donc :

$100\cdot 8 = 800$ puis $40\cdot 8 = 320$ que l'on ajoute ce qui fait 1120 et enfin $8\cdot 8 = 64$ ce qui donne un résultat de 1184 (et comme toujours, on oublie le dernier nombre dès qu'on en a calculé un nouveau).

Et avec un nombre de cinq chiffres on a, par exemple pour $45\,862\cdot 6$ :

$40\,000\cdot 6 = 240\,000$, puis $5000\cdot 6 = 30\,000$ que l'on ajoute ce qui fait 270 000, puis $800\cdot 6 = 4800$ que l'on ajoute pour obtenir 274 800, puis $60\cdot 6 = 360$ que l'on ajoute pour donner 275 160, et enfin $2\cdot 6 = 12$ pour arriver au résultat 275 172.

Avec de la pratique, vous pourrez aller plus vite en regroupant certains termes. Par exemple pour le produit ci-dessus, vous pourrez effectuer $45\,000\cdot 6 = 270\,000$, puis $860\cdot 6 = 5160$ que l'on ajoute ce qui fait 275 160 et il n'y a plus qu'à ajouter 12 ce qui donne le résultat 275 172.

# CALCUL MENTAL

### 3.1.2.2. <u>Carré d'un nombre se terminant par cinq</u>.

Soit à calculer le carré d'un nombre de deux chiffres dont celui des unités est 5. Pour obtenir le résultat, on multiplie le chiffre des dizaines par son suivant et on accole au résultat 25 qui est le carré de 5. La démonstration en sera faite au paragraphe 3.1.2.5. dans un cadre plus général.

En fait, il revient au même d'ajouter 25 au nombre obtenu en multipliant le chiffre des dizaines par son suivant auquel on accole deux zéros (bien sûr, accoler deux zéros revient à multiplier par 100).

Il est à noter que le carré d'un nombre quelconque dont le chiffre des unités est 5 se termine toujours par 25, quel que soit le nombre de chiffres du nombre. En effet, on a :

$$(10 \cdot a + 5)^2$$
$$= 100 \cdot a^2 + 25 + 100 \cdot a$$
$$= 100(a^2 + a) + 25$$

où a est un nombre quelconque, ce qui montre le résultat.

On a ainsi :

$$17\,895^2 = 320\,231\,025.$$

Et le carré d'un nombre se terminant par 25 se termine toujours par 625. On a en effet :

$$(100 \cdot a + 25)^2$$
$$= 10\,000 \cdot a^2 + 5000 \cdot a + 625$$
$$= 5000 \cdot a \cdot (2 \cdot a + 1) + 625$$

où a est un nombre quelconque, ce qui montre le résultat.

## CALCUL MENTAL

On a ainsi :

$$1\ 265\ 925^2 = 1\ 602\ 566\ 105\ 625.$$

Soit maintenant à calculer $35^2$. On multiplie 3 par son suivant 4 ce qui donne 12 et on accole 25 à ce nombre. Le carré de 35 est donc 1225.

On a aussi par exemple :

$$75^2 = 5625.$$

Bien sûr multiplier un chiffre par son suivant revient à l'élever au carré puis à ajouter le nombre obtenu au résultat (on a $a \cdot (a + 1) = a^2 + a$).

Ainsi : $7 \cdot 8 = 56 = 7^2 + 7$.

Cela permet, en connaissant les carrés de 11, 12, 13, 14, 15, 16, 17 soit respectivement 121, 144, 169, 196, 225, 256, 289 de calculer ceux de 115, 125, 135, 145, 155, 165 et 175 soit 13 225, 15 625, 18 225, 21 025, 24 025, 27 225 et enfin 30 625.

Il est à noter que cette méthode permet, en extrapolant aux carrés de nombres de trois chiffres, de calculer certains carrés particuliers (ceux de nombres finissant par 55), par exemple le carré de 455. En effet, $45^2 = 2025$, donc en ajoutant 45 on obtient 2070. Il ne reste plus qu'à accoler 25, ce qui donne $455^2 = 207\ 025$. Simple, n'est-ce pas ?

Et un dernier pour le plaisir. Calculons $955^2$ :

On a $95^2 = 9025$ auquel on ajoute 95 ce qui donne 9120. Et le résultat est donc 912 025.

CALCUL MENTAL

### 3.1.2.3. Carré d'un nombre se terminant par vingt-cinq.

On a déjà vu que le carré d'un nombre se terminant par 25 se terminait par 625. Pour calculer le carré d'un nombre se terminant par 25, on élève au carré le premier chiffre et on y ajoute sa moitié, on multiplie par 10 le résultat puis on accole 625 au nombre obtenu.

Ainsi soit à calculer $225^2$.

On a $225^2 = 50\,625$ (on fait $2^2 + 1 = 5$ que l'on multiplie par 10 soit 50 et l'on accole 625).

Ou encore $725^2 = 525\,625$.

### 3.1.2.4. Carré d'un nombre de deux chiffres.

Soit à calculer $47^2$. On procède en partant de la gauche comme suit :

$$47^2 = 40^2 + 2\cdot 7\cdot 40 + 7^2 = 1600 + 560 + 49 = 2209.$$

On utilise ici l'identité remarquable (sur laquelle on reviendra au paragraphe 3.1.2.7.3.) $(a + b)^2 = a^2 + b^2 + 2\cdot a\cdot b$.

On pourrait utiliser plutôt la décomposition :

$$(45 + 2)^2 = 45^2 + 2^2 + 2\cdot 2\cdot 45 = 2025 + 4 + 180 = 2209.$$

On peut aussi utiliser la méthode générale pour calculer un produit de deux termes, vue au paragraphe 3.1.1. en effectuant $(40 + 7)\cdot(40 + 7) = 40^2 + (7\cdot 40 + 7\cdot 40) + 7^2 =$

CALCUL MENTAL

$1600 + 560 + 49 = 2209$. Mais en fait, cela revient au même que l'identité remarquable vue plus haut.

Dans tous les cas, je le répète, avec l'entraînement, il faudra que vous n'ayez aucune hésitation sur le choix de la méthode.

On a aussi, par exemple :

$94^2 = 90^2 + 2 \cdot 90 \cdot 4 + 4^2 = 8100 + 720 + 16 = 8836$.

### 3.1.2.5. Produit de deux nombres dont la somme des chiffres des unités vaut dix et dont les chiffres des dizaines sont identiques.

Pour multiplier deux nombres de deux chiffres dont les chiffres des dizaines sont identiques et dont la somme de ceux des unités vaut dix, il suffit de multiplier le chiffre des dizaines par son suivant et d'accoler au résultat le produit des chiffres des unités.

\* En effet, soient *ab* et *cd* deux tels nombres. On a : $a = c$ et $b + d = 10$.

Donc :

$$ab \cdot cd = (10 \cdot a + b) \cdot (10 \cdot c + d)$$
$$= (10 \cdot a + b) \cdot (10 \cdot a + 10 - b)$$
$$= 100 \cdot a^2 + 10 \cdot a \cdot b + 100 \cdot a + 10 \cdot b - 10 \cdot a \cdot b - b^2$$
$$= 100 \cdot a^2 + 100 \cdot a + 10 \cdot b - b^2$$
$$= 100 \cdot a^2 + 100 \cdot a + b \cdot (10 - b)$$
$$= 100 \cdot a^2 + 100 \cdot a + b \cdot d =$$
$$100 \cdot a \cdot (a + 1) + b \cdot d, \text{ (car } 10 - b = d) \text{ d'où la règle. *}$$

## CALCUL MENTAL

Ainsi, par exemple 49·41 = 2009 (attention : le nombre qu'on accole doit avoir deux chiffres car le nombre de chiffres du résultat est donné par l'ordre de grandeur approximatif qui est ici 40·40 = 1600 ; on aura donc un nombre à quatre chiffres).

On a aussi, par exemple :

$$96 \cdot 94 = 9024.$$

Ou bien :

$$48 \cdot 42 = 2016.$$

Ou encore :

$$91 \cdot 99 = 9009.$$

Il est à noter que le calcul du carré d'un nombre se terminant par 5 est un cas particulier de cette méthode.

### 3.1.2.6. Produit de deux nombres de deux chiffres dont la somme des chiffres des dizaines vaut dix et dont le chiffre des unités est le même.

Pour multiplier deux nombres de deux chiffres dont la somme des chiffres des dizaines vaut dix et dont les chiffres des unités sont égaux, il suffit de multiplier les chiffres des dizaines et d'ajouter à ce résultat le chiffre des unités, puis d'accoler (et non ajouter) au nombre obtenu le carré du chiffre des unités.

\* En effet soient *ab* et *cd* deux tels nombres. On a :

# CALCUL MENTAL

$$a + c = 10 \text{ et } b = d.$$

**Donc :**
$$\begin{aligned}
ab \cdot cd &= (10 \cdot a + b) \cdot (10 \cdot c + d) \\
&= (10 \cdot a + b) \cdot (10 \cdot (10 - a) + b) \\
&= (10 \cdot a + b) \cdot (100 - 10 \cdot a + b) \\
&= 1000 \cdot a + 100 \cdot b - 100 \cdot a^2 - 10 \cdot a \cdot b + 10 \cdot a \cdot b + b^2 \\
&= 1000 \cdot a - 100 \cdot a^2 + 100 \cdot b + b^2 \\
&= 100 \cdot a \cdot (10 - a) + 100 \cdot b + b^2 \\
&= 100 \cdot a \cdot c + 100 \cdot b + b^2 \text{ (car } c = 10 - a) \\
&= 100 \cdot (a \cdot c + b) + b^2, \text{ d'où la règle. *}
\end{aligned}$$

**Ainsi, par exemple, on a :**

$$46 \cdot 66 = 3036, \text{ ou bien } 97 \cdot 17 = 1649.$$

**On a aussi :**

$$61 \cdot 41 = 2501.$$

**Et on a également :**

$$73 \cdot 33 = 2409.$$

(attention et je le répète : le nombre qu'on accole doit avoir deux chiffres.)

### 3.1.2.7. Utilisation d'une identité remarquable.

### 3.1.2.7.1. Identité $(a + b) \cdot (a - b) = a^2 - b^2$.

**On va donc utiliser l'identité bien connue des élèves :**

$$(a + b) \cdot (a - b) = a^2 - b^2.$$

CALCUL MENTAL

Cette identité peut surtout être utilisée lorsque les deux nombres à multiplier sont de même parité et qu'ils sont à égale distance d'un nombre finissant par 0 ou 5.

Soit ainsi à calculer le produit 32·38. Les deux nombres sont pairs et à égale distance de 35.

On a donc :

32·38 = (35 − 3)·(35 + 3) = $35^2 − 3^2$ = 1225 − 9 = 1216.

De la même façon on obtient :

76·84 = (80 − 4)·(80 + 4) = $80^2 − 4^2$ = 6400 − 16 = 6384.

Et l'on a aussi :

87·83 = (85 + 2)·(85 − 2) = $85^2 − 2^2$ = 7225 − 4 = 7221.

Bien sûr, il est inutile de pratiquer cette méthode lorsque les chiffres des unités des nombres à multiplier sont de parité différente. Par exemple, si l'on voulait calculer 87·84, on se trouverait avec le produit (85 + 2)·(85 − 1) qui n'est d'aucune utilité pour notre calcul. Toutefois, on verra plus loin une exception à cette règle.

Avec des nombres moins proches d'un nombre se terminant par 0 ou 5, cette méthode a moins d'intérêt. Par exemple si l'on voulait calculer 78·38 par cette méthode, il faudrait poser (58 − 20)·(58 + 20) = $58^2 − 20^2$, ce qui en montre les limites.

L'essentiel, en calcul mental, je le répète, est de bien choisir la méthode à utiliser le plus rapidement possible. Avant d'effectuer un calcul, il est nécessaire de trouver cette

## CALCUL MENTAL

méthode en un clin d'œil. Quand vous aurez assez d'entraînement, vous ne devrez plus avoir la moindre hésitation.

Toutefois, comme dit plus haut, la méthode précédente peut également être utilisée dans certains cas particuliers comme 72·79 que l'on peut écrire comme :

$(72·(78 + 1)) = (72·78) + 72 = (75 − 3)·(75 + 3) + 72$ .

On a donc ainsi :

$72·79 = (75^2 − 3^2) + 72 = 5625 − 9 + 72 = 5688$.

Ou encore :

$94·97 = 94·96 + 94 = 9024 + 94 = 9118$.

Supposons maintenant que l'on veuille calculer 76·74. On peut utiliser la méthode ci-dessus, mais aussi celle du paragraphe 3.1.2.5. (celle-ci étant préférable dans ce cas car quasi immédiate). Les deux méthodes donnent fort heureusement le même résultat qui est égal à 5624.

Mais j'insiste sur le fait que vous devez avoir décidé le plus rapidement possible quelle méthode vous allez utiliser. Ce choix doit être automatique. Et je peux vous assurer qu'avec l'entraînement, cela sera vite le cas.

### 3.1.2.7.2. Identité $(a + 1)^2 = a^2 + 2·a + 1$.

Cette identité remarquable, cas particulier de l'identité $(a + b)^2 = a^2 + b^2 + 2·a·b$, que l'on verra au paragraphe suivant, permet de calculer le carré d'un nombre connaissant le carré du nombre précédent. Elle est particulièrement utile lorsque le nombre précédent se termine par 0 ou 5.

## CALCUL MENTAL

**Soit, par exemple, à calculer $76^2$ :**

**On sait que $75^2 = 5625$.**

**Donc :**

$76^2 = (75 + 1)^2 = 75^2 + 2 \cdot 75 + 1 = 5625 + 150 + 1 = 5776.$

**Ou encore :**

$126^2 = 125^2 + 2 \cdot 125 + 1 = 15\,625 + 250 + 1 = 15\,876.$

On peut évidemment, avec de l'entraînement, utiliser l'identité plus générale $(a + b)^2 = a^2 + 2 \cdot a \cdot b + b^2$ pour calculer le carré d'un nombre de deux chiffres.

**Par exemple :**

$88^2 = (85 + 3)^2 = 7225 + 510 + 9 = 7744.$

**Ou encore :**

$58^2 = (55 + 3)^2 = 3025 + 330 + 9 = 3364.$

**On va traiter cette identité plus en détail dans le paragraphe suivant.**

### 3.1.2.7.3. Identité $(a + b)^2 = a^2 + b^2 + 2 \cdot a \cdot b$.

**Calculons par exemple $78^2$. On a :**

$$78 = 70 + 8.$$

**Donc :**

$78^2 = 70^2 + 8^2 + 2 \cdot 70 \cdot 8 = 4900 + 64 + 1120 = 6084.$

## CALCUL MENTAL

On aurait pu effectuer plutôt :

$78^2 = (75 + 3)^2 = 75^2 + 2 \cdot 75 \cdot 3 + 3^2 = 5625 + 450 + 9 = 6084.$

Je terminerai ce paragraphe en donnant, sans démonstration, deux autres méthodes un peu plus délicates à mettre en œuvre, et certainement moins utiles en pratique.

### 3.1.2.8. Produit de deux nombres de deux chiffres dont le chiffre des unités est le même et dont la somme des chiffres des dizaines vaut cinq.

Soit à calculer $32 \cdot 22$. On multiplie les chiffres des dizaines et on ajoute la moitié du chiffre des unités au résultat, puis on accole deux zéros au nombre obtenu et enfin on ajoute (et non on accole) à ce résultat le carré du chiffre des unités.

Donc, par exemple :

$$32 \cdot 22 = 704.$$

($3 \cdot 2 = 6$ auquel on ajoute $2/2$ soit 1 ce qui fait 7, on accole deux zéros soit 700 et on ajoute $2^2$ soit 4 ce qui donne le résultat 704).

On a aussi :

$$46 \cdot 16 = 736.$$

Et encore :

$$14 \cdot 44 = 616.$$

## CALCUL MENTAL

Les plus attentifs de mes lectrices et lecteurs auront remarqué que l'on se trouve devant une difficulté lorsque le chiffre des unités n'est pas pair. Par exemple, nous avons l'intention de calculer 37·27.

Dans ce cas, on multiplie toujours les premiers chiffres, soit 3·2 = 6 et on ajoute au résultat la moitié du chiffre des unités comme suit: 6 + 7/2 = 6 + 3,5 = 9,5 soit en nombre de trois chiffres (qui est le nombre total de chiffres du résultat, que l'on estime comme toujours en calculant 30·20 = 600) 950. On ajoute alors le carré du chiffre des unités à ce résultat soit 950 + 49 = 999. Il faut remarquer que dans ce cas, on ajoute, et non on accole, le carré du chiffre des unités. Toutefois, lorsque le chiffre des unités est pair, il revient au même d'ajouter ou d'accoler le carré de ce chiffre.

**Calculons maintenant 49·19.**

On a donc :

$$49·19 = 850 + 81 = 931.$$

**Calculons ensuite 28·38.**

On a :

$$28·38 = 1064.$$

On a aussi :

$$23·33 = 759.$$

Il paraît vraisemblable que cette méthode sera la moins utilisée en pratique. En effet, par exemple, la mé-

CALCUL MENTAL

thode générale du paragraphe 3.1.1. donne rapidement le résultat.

### 3.1.2.9. Produit de deux nombres de deux chiffres dont le chiffre des dizaines est identique et la somme des chiffres des unités vaut cinq.

Soit à calculer 43·42. On ajoute au carré du chiffre des dizaines la moitié de ce chiffre, soit ici $4^2 + 2 = 18$. Au nombre obtenu, on accole deux zéros pour respecter l'ordre de grandeur (comme toujours en estimant cet ordre de grandeur avec 40·40 = 1600, donc le résultat aura 4 chiffres), soit 1800 et à ce nombre on ajoute (et non on accole) le produit des unités, soit 6. Le résultat est donc 1806.

Calculons 82·83. On a :

$$82·83 = 6806.$$

On a aussi :

$$61·64 = 3904.$$

Ou encore (lorsque le chiffre des dizaines est impair, on pratique comme suit) :

Soit à calculer 32·33 :

On a $3^2 = 9$ à quoi on ajoute la moitié de 3 soit 1,5 ce qui donne 10,5. Le nombre cherché aura 4 chiffres (car il est supérieur à $32^2$ qui vaut 1024), donc on obtient 1050 auquel on ajoute le produit 3·2 = 6 ce qui donne en définitive 1056.
En fait quand le chiffre des dizaines est pair, il revient au même d'accoler ou d'ajouter le produit des chiffres

## CALCUL MENTAL

des unités. C'est quand le chiffre des dizaines est impair que l'on doit seulement ajouter.

### 3.1.3. Produit de deux nombres de trois chiffres.

Je traiterai d'abord ce cas sur un exemple qui explicitera la méthode mieux qu'un long discours, puis j'exposerai le principe de cette méthode.

Soit à calculer 426·516. On calcule de la gauche vers la droite. On a d'abord 4·5 = 20. On pose (mentalement) 200 (on ajoute un zéro après chaque opération pour tenir compte du fait que l'on démarre par la gauche et que le résultat devra avoir in fine 6 chiffres, ce que montre une estimation en effectuant 400·500 = 200 000). On effectue alors les produits 4·1 et 5·2 que l'on ajoute à 200 soit 214. On pose 2140. On calcule ensuite les produits 4·6, 2·1 et 6·5 que l'on ajoute soit 2196. On pose (mentalement) 21 960. On calcule ensuite 2·6 et 6·1 que l'on ajoute soit 21 978 et l'on pose 219 780. On a enfin 6·6 que l'on ajoute soit 219 816 qui est le résultat.

Si l'on numérote, en partant de la gauche, les colonnes 1, 2, et 3 pour le premier nombre et 4, 5 et 6 pour le second, on voit que l'on effectue successivement les opérations suivantes :

– produit 1 par 4 auquel on accole zéro : nombre I.
– produits 1 par 5 et 2 par 4 que l'on ajoute au nombre I et on accole zéro : nombre II.
– produits 1 par 6, 2 par 5 et 3 par 4 que l'on ajoute au nombre II et on accole zéro : nombre III.
– produits 2 par 6 et 3 par 5 que l'on ajoute au nombre III et on accole zéro : nombre IV.

## CALCUL MENTAL

– et enfin produit 3 par 6 que l'on ajoute au nombre IV. C'est le résultat.

Calculons maintenant :

$$124 \cdot 256.$$

On obtient donc successivement :

$1 \cdot 2 = 2$ et on accole 0 ce qui fait 20. Puis $1 \cdot 5 + 2 \cdot 2 = 9$ que l'on ajoute ce qui fait 29. On accole 0 ce qui donne 290. On a ensuite $1 \cdot 6 + 2 \cdot 5 + 4 \cdot 2 = 24$ qu'on ajoute ce qui fait 314 et on accole 0 ce qui donne 3140. On a ensuite $2 \cdot 6 + 4 \cdot 5 = 32$ qu'on ajoute ce qui fait 3172 et on accole un 0 ce qui donne 31 720. Enfin on a $4 \cdot 6 = 24$ que l'on ajoute soit 31 744 qui est le résultat.

Cette méthode est généralisable à un nombre quelconque de facteurs avec chacun un nombre quelconque de chiffres. Mais ce n'est pas l'objet du présent ouvrage.

Il y a des variantes à cette méthode lorsqu'on veut, par exemple, multiplier deux nombres de quatre chiffres. Il s'agit de regrouper les chiffres par deux, et l'on obtient ainsi un produit de deux nombres de deux CHIFFRES chacun, mais où CHIFFRE est en fait ici un nombre de deux chiffres, ce qui complique quand même beaucoup le calcul qui, ne l'oublions pas, doit s'effectuer de tête.

### 3.1.4. Multiplication posée sur une feuille de papier mais sans écrire les résultats intermédiaires.

Il ne s'agit plus ici à proprement parler de calcul mental.

## CALCUL MENTAL

Pour effectuer une multiplication posée sur une feuille de papier, nous allons faire une exception à la règle de calcul fondamentale que nous nous sommes imposée jusqu'ici : commencer par la gauche. Nous allons en effet commencer par la droite.

Soit à calculer 27·59.

On commence par le produit des unités 9·7 = 63. On pose 3 (on l'écrit sur le papier) et on retient 6 (sans l'écrire). Puis on calcule les produits 5·7 = 35 et 9·2 = 18 soit un total de 53, auquel on ajoute la retenue soit 53 + 6 = 59. On pose 9 à la gauche du 3 précédent et l'on retient 5 (toujours sans l'écrire). Et enfin 5·2 = 10 auquel on ajoute la retenue, 5, donc on obtient finalement un total de 1593.

Cette méthode peut, bien sûr, s'appliquer à un produit de deux facteurs ayant chacun un nombre quelconque de chiffres. Calculons par exemple 4896·2638. On commence par 8 fois 6 (produit des unités) soit 48. Posons 8 et retenons (mentalement) 4. On a ensuite 8·9 + 3·6 soit 90. Ajoutons la retenue soit 94. Posons 4 et retenons 9. On calcule ensuite 8·8 + 3·9 + 6·6 soit 127. On ajoute le 9 de retenue ce qui donne 136. On pose donc 6 et on retient 13. Ensuite vient la somme 8·4 + 3·8 + 6·9 + 2·6 soit 122. Avec la retenue 13, on obtient 135. On pose donc 5 et on retient 13. Ensuite on a 3·4 + 6·8 + 2·9 soit 78 ce qui donne 91 avec la retenue. On pose donc 1 et on retient 9. Puis on a 6·4 + 2·8 soit 40 ce qui donne 49 avec la retenue. On pose 9 et on retient 4. Et enfin, on a 4·2, soit 8 donc 12 avec la retenue. On pose 12 puisque le calcul est terminé. Le résultat du produit 4896·2638 est donc 12 915 648.

Ça a l'air plutôt compliqué mais en vous entraînant d'abord avec des nombres de deux chiffres, puis de trois,

# CALCUL MENTAL

vous vous rendrez compte que ce n'est pas plus difficile avec des nombres de quatre chiffres, voire plus.

Pour ceux qui aiment se lancer un défi, il n'est pas interdit d'appliquer la méthode précédente sans visualiser les nombres sur la feuille de papier.

### 3.1.5. Quelques astuces à connaître.

#### 3.1.5.1. Multiplication par 5.

Pour multiplier un nombre par 5, on multiplie le nombre par 10 et on divise le résultat par 2.

Par exemple :

$$59 \cdot 5 = 59 \cdot 10/2 = 590/2 = 295.$$

De même, on a :

$$97 \cdot 5 = 97 \cdot 10/2 = 970/2 = 485.$$

#### 3.1.5.2. Multiplication par 25.

Pour multiplier un nombre par 25, on le multiplie par 100 et on divise le résultat par 4.

Par exemple :

$$47 \cdot 25 = 47 \cdot 100/4 = 4700/4 = 1175.$$

(Pour diviser par 4, on peut diviser deux fois consécutives par 2).

On a de même :

# CALCUL MENTAL

$$98 \cdot 25 = 98 \cdot 100/4 = 9800/4 = 2450.$$

### 3.1.5.3. Multiplication par 50.

Pour multiplier par 50, on multiplie le nombre par 100 puis on divise le résultat par 2.

Ainsi :

$$47 \cdot 50 = 47 \cdot 100/2 = 4700/2 = 2350.$$

On a aussi :

$$74 \cdot 50 = 74 \cdot 100/2 = 7400/2 = 3700.$$

### 3.1.5.4. Multiplication par 11.

Pour multiplier un nombre par 11, on peut :

– soit multiplier le nombre par 10 puis ajouter le nombre.

Ainsi :

$$89 \cdot 11 = 890 + 89 = 979.$$

– soit utiliser le procédé suivant que je décrirai sur deux exemples et qui nécessite de commencer l'opération par la droite.

Calculons $745 \cdot 11$.

On part de la droite. Le chiffre des unités sera 5 c'est-à-dire $1 \cdot 5$. Le chiffre des dizaines est le chiffre obtenu en ajoutant 5 et 4, soit 9. Le chiffre des centaines est le chiffre obtenu en ajoutant 4 et 7 soit 11. Le chiffre des milliers sera donc 7 + 1 de retenue soit 8. Le résultat est donc 8195.

On aurait pu tomber sur une difficulté, à savoir que le chiffre des dizaines par exemple ait eu deux chiffres significatifs, comme dans l'exemple suivant.

Nous voulons calculer 786·11. Le chiffre des unités est 6. Celui des dizaines devrait être 14 (8 + 6). On ne garde que le 4 qui sera donc le chiffre des dizaines et on retient 1. Le chiffre des centaines est 15 (8 + 7) auquel on ajoute 1 de retenue soit 16. On ne retient que le 6. Le chiffre des centaines est donc 6 et on a 1 de retenue. Et pour finir, le chiffre des milliers est 7 auquel on ajoute 1 de retenue. Le résultat est donc 8646.

### 3.1.5.5. Multiplication par 12.

Pour multiplier un nombre par 12, on le multiplie par 10 et on ajoute au résultat le double du nombre.

Par exemple :

478·12 = 4780 + 478·2 = 4780 + 956 = 5736.

On peut dans certains cas simples utiliser ce procédé pour multiplier par 13, voire 14. Par exemple :

45·14 = 45·10 + 45·4 = 450 + 180 = 630.

Ou encore :

79·13 = 79·10 + 79·3 = 790 + 237 = 1027.

# CALCUL MENTAL

### 3.1.5.6. Multiplication par 15.

Pour multiplier un nombre par 15, on le multiplie par 10 puis par 5 et on ajoute les deux résultats.

Par exemple :

$$459 \cdot 15 = 4590 + 2295 = 6885.$$

On a aussi :

$$798 \cdot 15 = 7980 + 3990 = 11\,970$$

### 3.1.5.7. Multiplication par 9.

Pour multiplier un nombre par 9, on le multiplie par 10 puis on retranche le nombre au résultat.

Par exemple :

$$794 \cdot 9 = 7940 - 794 = 7146.$$

On peut aussi multiplier successivement deux fois par trois. Par exemple :

$$458 \cdot 9 = (458 \cdot 3) \cdot 3 = 1374 \cdot 3 = 4122.$$

### 3.1.6. Exercices.

Calculer les produits suivants :

1) $75^2$ ;
2) $85^2$ ;
3) $25 \cdot 36$ ;
4) $26 \cdot 17$ ;

## CALCUL MENTAL

5) 76·72 ;
6) 78·43 ;
7) 49·51 ;
8) 478·587 ;
9) 123·456 ;
10) 1485·4523 ;
11) 125·9 ;
12) 784·12 ;
13) 489·15 ;
14) 159·7 ;
15) 465·11 ;
16) 698·11.

### 3.1.7. Complément : méthode graphique japonaise.

J'expose ici cette méthode plus comme curiosité que comme méthode de calcul mental. Malgré sa dénomination, cette méthode n'a rien à voir avec le Japon, contrairement à de nombreuses affirmations que l'on trouve sur le Net...

La méthode nécessite pour sa mise en œuvre une feuille de papier et un crayon.

Je vais simplement en indiquer le principe sur un exemple, soit à calculer 41·23.

Il s'agit de tracer des traits pour chaque chiffre, (4 traits pour le chiffre 4, 3 traits pour le chiffre 3, 2 pour le chiffre 2,...) en croisant les traits correspondant aux chiffres du premier nombre avec les traits correspondant aux chiffres du second nombre comme indiqué sur la figure.

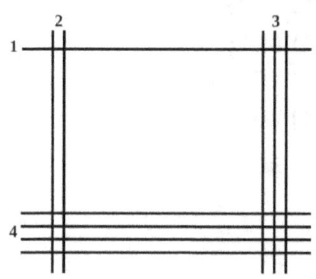

## CALCUL MENTAL

Il s'agit ensuite de déterminer sur le schéma les trois groupes correspondant respectivement à :

– 1$^{er}$ groupe : intersections des traits correspondant au chiffre des unités du premier nombre (1), avec les traits correspondant au chiffre des unités du second nombre (3). On a donc au total 3 intersections. Ce sera le chiffre des unités du résultat.

– 2$^e$ groupe : intersections des traits correspondant au chiffre des unités du premier nombre avec les traits correspondant au chiffre des dizaines du second nombre et intersections des traits correspondant au chiffre des dizaines du premier nombre avec les traits correspondant au chiffre des unités du second nombre. On obtient donc 14 intersections. On pose 4 comme chiffre des dizaines du résultat et on retient 1.

– 3$^e$ groupe : intersections des traits correspondant au chiffre des dizaines du premier nombre avec les traits correspondant au chiffre des dizaines du second nombre. On obtient 8 intersections ce qui fait 9 avec la retenue. Le chiffre des centaines du résultat est donc 9 et le résultat est 41·23 = 943.

### 3.1.8. Choix de la méthode.

Le plus délicat pour effectuer une multiplication, disons de deux nombres de deux chiffres, c'est le choix de la méthode à utiliser, pour effectuer l'opération le plus rapidement et le plus facilement possible.

Je vais traiter cette question sur quelques exemples significatifs.

## CALCUL MENTAL

Soit à calculer 54·56. Le plus rapide est évidemment la méthode du § 3.1.2.5. On a donc 54·56 = 3024.

On aurait pu utiliser l'identité remarquable :

54·56 = (55 − 1)·(55 + 1) = $55^2 − 1^2$ = 3025 − 1 = 3024.

Mais c'est un peu plus long.

Soit à calculer 73·85. On voit rapidement qu'il n'y a pas de méthode préférentielle (en particulier les deux nombres sont à égale distance de 79, ce qui nécessiterait de calculer le carré de ce dernier, par $(80 − 1)^2$ par exemple). On doit dans ce cas préférer la méthode générale. On aura alors la suite 5600, (350 + 240), 6190, 15, 6205 qui est le résultat cherché.

D'une façon générale, quand les nombres sont éloignés les uns des autres, il est inutile, sauf cas très particulier, de chercher une méthode spécifique.

Par exemple, pour calculer 32·82, on peut utiliser l'identité remarquable précédente, c'est-à-dire

32·82 = (57 − 25)·(57 + 25) = $57^2 − 25^2$.

On obtient finalement 32·82 = 3249 − 625 = 2624. Mais cela nécessite de calculer $57^2$ (que l'on peut calculer en faisant $57^2 = (55 + 2)^2$ = 3025 + 220 + 4 = 3249).

Pour ma part, je préfère dans ce cas (quand les nombres ne sont pas proches) utiliser la méthode générale. Cela m'évite de perdre du temps à chercher une méthode particulière.

# CALCUL MENTAL

### 3.1.9. Autres multiplications particulières.

#### 3.1.9.1. Multiplication par 0,25.

Pour multiplier un nombre par 0,25 (soit 1/4), on divise le nombre par 4.

Ainsi :

$$489 \cdot 0{,}25 = 489/4 = 122{,}25.$$

On a aussi :

$$981 \cdot 0{,}25 = 981/4 = 245{,}25.$$

On peut bien sûr diviser successivement deux fois par deux comme ceci :

$$598 \cdot 0{,}25 = (598/2)/2 = 299/2 = 149{,}5.$$

#### 3.1.9.2. Multiplication par 0,5.

Pour multiplier un nombre par 0,5 (soit 1/2), on divise le nombre par 2.

Ainsi :
$$789 \cdot 0{,}5 = 789/2 = 394{,}5.$$

On a aussi :

$$1648 \cdot 0{,}5 = 1648/2 = 824.$$

#### 3.1.9.3. Multiplication par 0,75.

CALCUL MENTAL

**Pour multiplier un nombre par 0,75 (soit 3/4), on multiplie le nombre par 3 puis on le divise par 4.**

**Par exemple, pour calculer** 462·0,75, on a d'abord 462·3 = 1386. Et on termine par 1386/4 = 346,5.

**On a aussi :**

9847·0,75 = 9847·3/4 = 29 541/4 = 7385,25.

### 3.1.9.4. Multiplication par une puissance quelconque de 2.

**Pour multiplier un nombre par une puissance quelconque de deux, on multiplie par deux autant de fois que nécessaire.**

**Par exemple :**

$458·2^5 = ((((458·2)·2)·2)·2)·2 = 14\,656$.

**On aurait pu directement écrire :**

$458·2^5 = 458·32 = 14\,656$.

### 3.1.9.5. Quelques multiplications aux résultats amusants et curieux.

**On a les résultats suivants, que j'ai toujours trouvés très étonnants, à la limite du magique, et que je tiens à partager avec vous :**

**On multiplie 37 par les multiples de 3**

## CALCUL MENTAL

37·3 = 111 ;
37·6 = 222 ;
37·9 = 333 ;
37·12 = 444 ;
37·15 = 555 ;
37·18 = 666 ;
37·21 = 777 ;
37·24 = 888 ;
37·27 = 999 ;

**On multiplie 5291 par les multiples de 21**

5291·21 = 111 111 ;
5291·42 = 222 222 ;
5291·63 = 333 333 ;
et on peut continuer jusqu'à :
5291·189 = 999 999 ;

**On multiplie 8547 par les multiples de 13**

8547·13 = 111 111 ;
8547·26 = 222 222 ;
8547·39 = 333 333 ;
et on peut continuer jusqu'à :
8547·117 = 999 999 ;

Et vraiment le plus curieux, en multipliant par les multiples de 17 :
65 359 477 124 183·17 = 1 111 111 111 111 111 ;
et on peut continuer jusqu'à :
65 359 477 124 183·153 = 9 999 999 999 999 999 ;

Et peut-être le plus connu, en multipliant par les multiples de 9:
12 345 679·9 = 111 111 111 ;

## CALCUL MENTAL

12 345 679·18 = 222 222 222 ;
et l'on peut arriver à :
12 345 679·81 = 999 999 999.

**3.1.9.6 : <u>Un petit tour de mathémagie</u>.**

Demandez à une personne de votre entourage de vous donner un nombre de deux chiffres ne se terminant pas par zéro. Vous donnez alors instantanément un autre nombre de deux chiffres et vous annoncez tout aussitôt le résultat du produit des deux nombres.

L'astuce est dérivée de la méthode du paragraphe 3.1.2.5. Supposons que la personne vous donne le nombre 78. Vous répliquez alors en donnant le nombre 72 (même chiffre des dizaines et le chiffre des unités égal au complément à dix de celui du nombre proposé) et le produit est alors, bien sûr, de 5616. (produit de 7 par son suivant et on accole le produit des unités).

Mais pour varier les effets, vous pouvez utiliser la méthode du paragraphe 3.1.2.6. Si l'on vous donne le même nombre, 78, vous répliquez en donnant instantanément le nombre 38 et le produit des deux nombres 2964.

**3.1.9.7. <u>Exercices</u>.**

**Calculer les produits suivants :**

1) 178·0,75 ;
2) 479·0,75 ;
3) 587·0,5 ;
4) 148·0,25 ;
5) 498·0,25 ;
6) 2684·0,75 ;

## CALCUL MENTAL

7) $1498 \cdot 0{,}25$ ;
8) $4598 \cdot 0{,}5$ ;
9) $589 \cdot 2^8$ ;
10) $1589 \cdot 0{,}5 \cdot 2^5$.

# CALCUL MENTAL

CALCUL MENTAL

# CHAPITRE IV : DIVISION

**4.1. Généralités.**

La division est l'opération qui, à mon sens, se prête le moins à des méthodes originales de calcul mental, comme nous en avons rencontré précédemment pour la multiplication. Je vais simplement présenter quelques exemples et voir ce que l'on peut en dire. Il est à noter que pour réussir à effectuer des divisions, il faut d'abord bien maîtriser les multiplications.

Par ailleurs, les calculs seront toujours effectués en partant de la gauche, comme appris à l'école, pour ce type d'opération. Le symbole utilisé pour dénoter la division est « / ».

Soit à diviser 3594 par 26. On va effectuer, sans l'aide du papier pour écrire les résultats intermédiaires, les mêmes opérations que si l'on posait la division.

On a donc 35/26 = 1 avec 9 comme reste.

Le premier chiffre du résultat sera donc 1.

On a ensuite, comme pour le calcul classique, (mais je vous rappelle qu'il s'agit de faire tous ces calculs de tête) 99/26 soit 3 avec reste de 21 (99 est obtenu en accolant le troisième chiffre qui est 9 au reste que l'on vient de calculer soit aussi 9 ce qui donne 99 et l'on a 99 = 3·26 + 21).

Le deuxième chiffre du résultat est donc 3.

## CALCUL MENTAL

On a ensuite 214/26 soit 8 et le reste est 6.

En effet : 214 = 8·26 + 6.

On a donc 8 comme dernier chiffre avant la virgule. Et l'on peut s'arrêter là, les autres chiffres calculables étant dans la partie décimale. C'est ce que nous ferons. Nous avons donc :

3594/26 = 138 + une partie décimale que nous négligerons.

138 est donc le résultat approché de la division. C'est un résultat approché par défaut car il est inférieur à la valeur exacte de la division.

Soit maintenant à calculer 756/432.

La méthode ci-dessus donne immédiatement 1 comme résultat approché. Cette valeur est, bien sûr, trop approximative et il est nécessaire de continuer le calcul en recherchant les chiffres après la virgule. On a donc 1 avec reste 324 (756 = 1·432 + 324). On a alors (on accole un zéro au reste pour pouvoir continuer la division après la virgule) 3240/432 = 7 (on divise en fait 32 par 4 et on vérifie que le résultat convient en multipliant 432 par 7) avec reste 216 (3240 = 7·432 + 216). Le résultat approché avec une décimale est donc 756/432 = 1,7. En fait, dans ce cas particulier, comme le reste est la moitié du diviseur, la division se termine et on a 756/432 = 1,75.

Effectuons maintenant la division de 89 784 par 145. On commence par diviser 897 par 145 et on obtient 6 par défaut. On vérifie que ce chiffre est correct en multipliant 145 par 6. On obtient 870, ce qui montre que 6 est bien le premier chiffre du quotient. On a 897 = 145·6 + 27. On a alors, pour poursuivre la division, à accoler le 8 des dizaines du nombre initial au reste 27 ce qui donne 278. Par défaut toujours, 278/145 = 1, qui est donc le deuxième chiffre du quotient. On a alors 1·145 = 145 qui, ôté de 278, donne 133. On accole le 4 des unités pour continuer la division et on obtient 1334/145 = 9 par défaut. On a ensuite 9·145 = 1305. Le reste est 29. On a donc 89784/145 = 619 + un reste égal à 29. 619 est le quotient approché par défaut.

Il n'y a pas de technique particulière pour une division quelconque. Les opérations effectuées sont les mêmes que lorsque vous posiez l'opération sur votre cahier, mais je rappelle que tout ceci doit se faire de tête. En outre, comme vous pouvez le constater, la pratique de la division nécessite une bonne maîtrise de la multiplication.

Il existe heureusement des techniques spécifiques pour certaines divisions particulières. C'est l'objet du paragraphe suivant.

### 4.2. Divisions particulières.

#### 4.2.1. Division par 0,25.

0,25 = 1/4 d'où la règle : pour diviser un nombre par 0,25, on multiplie le nombre par 4.

Ainsi :

$$789/0{,}25 = 789 \cdot 4 = 3156.$$

#### 4.2.2. Division par 0,4.

0,4 = 4/10 d'où la règle : pour diviser un nombre par 0,4 il faut multiplier ce nombre par 10 et diviser le nombre

## CALCUL MENTAL

obtenu par 4. Ainsi 489 n'est pas divisible par 0,4 car 4890 n'est pas divisible par 4. Par contre 416 est divisible par 0,4 car 4160 est divisible par 4 et le résultat est 1040.

### 4.2.3. Division par 0,5.

0,5 = 1/2 d'où la règle : pour diviser un nombre par 0,5, il faut multiplier ce nombre par 2.

Ainsi :

$$4875/0,5 = 9750.$$

On a aussi :

$$78952/0,5 = 157904.$$

### 4.2.4. Division par 5.

5 = 10/2 d'où la règle : pour diviser un nombre par 5, il faut le multiplier par 2 puis diviser le nouveau nombre par 10.

Ainsi :

$$7489/5 = (7489 \cdot 2)/10 = 14978/10 = 1497,8.$$

On a aussi :

$$48798/5 = (48798 \cdot 2)/10 = 97596/10 = 9759,6.$$

### 4.2.5. Division par 25.

## CALCUL MENTAL

25 = 100/4 d'où la règle : pour diviser un nombre par 25, il faut le diviser par 100 et multiplier le nombre obtenu par 4.

Ainsi :

548/25 = (548/100)·4 = 5,48·4 = 21,92.

On a aussi :

5624/25 = 56,24·4 = 224,96.

### 4.2.6. Division par une puissance quelconque de deux.

Pour diviser un nombre quelconque par une puissance quelconque de deux, on divise le nombre par deux autant de fois que nécessaire.

Ainsi on a :

$4789/2^8$ = (((((((4789/2)/2)/2)/2)/2)/2)/2)/2 = 18,707. Ce résultat est approché par défaut. En fait une division par deux ou une puissance de deux se termine toujours. Le résultat exact est 18,70703125.

### 4.3. Critères de divisibilité.

Je donne divers critères de divisibilité sans leur démonstration qui peut parfois être au-delà du niveau de ce livre.

#### 4.3.1. Divisibilité par 2.

# CALCUL MENTAL

Un nombre est divisible par deux si et seulement si il est pair (en considérant qu'un nombre terminé par zéro est pair).

48, 56898, 158978, sont divisibles par deux, 459789 ne l'est pas.

### 4.3.2. Divisibilité par 3.

Un nombre quelconque est divisible par trois si et seulement si la somme de ses chiffres est divisible par trois. Par exemple, le nombre 48 569 142 est divisible par trois. En effet la somme des chiffres est 39 qui est divisible par trois. Si l'on tombe, après avoir fait la somme des chiffres, sur un nombre très grand, on peut réitérer l'opération autant de fois que nécessaire. Ici par exemple on peut dire que 39 est divisible par trois car 3 + 9 = 12 qui est divisible par trois. (et on pourrait réitérer l'opération en additionnant 1 et 2 qui font 3, confirmant que le nombre initial est bien divisible par trois).

On peut également en effectuant la somme ne pas considérer les chiffres dont la somme vaut trois, six ou neuf. Ainsi pour 48 569 142, on a 4 + 8 = 12 et 1 + 2 = 3, donc on ne tient pas compte de ces quatre chiffres, pas plus que du 5 et du 4 dont la somme vaut 9, ni du chiffre 6, ni du chiffre 9 lui-même. Il ne reste plus de chiffres (en fait il reste 0 qui est divisible par 3) donc le nombre est divisible par 3.

Considérons maintenant le nombre 45 897 562. Est-il divisible par trois ? Les deux premiers chiffres dont le total est 9 sont éliminés, ainsi que le 9 lui-même, ainsi que le 6, et aussi le 7 et le 5 dont le total est 12. Il reste 8 et 2 dont le total 10 n'est pas divisible par 3. Le nombre 45 897 562 n'est donc pas divisible par 3.

### 4.3.3. Divisibilité par quatre.

Un nombre est divisible par quatre si et seulement si le nombre formé par les deux derniers chiffres du nombre donné est divisible par quatre. Ainsi 48 964 est divisible par quatre car 64 l'est (64 = 4·16).

Considérons maintenant le nombre 148 795 625. Il n'est pas divisible par 4 car 25 ne l'est pas.

### 4.3.4. Divisibilité par cinq.

Un nombre est divisible par cinq si et seulement si son chiffre des unités est zéro ou cinq. Ainsi 7 894 560 est divisible par cinq. Par contre 45 897 953 ne l'est pas.

### 4.3.5. Divisibilité par six.

Un nombre est divisible par six si et seulement si il est divisible à la fois par deux et par trois. Ainsi 789 486 est divisible par six. Par contre 148 953 ne l'est pas car il est divisible par 3 mais pas par 2 (ce nombre n'est pas pair donc il est inutile de faire la somme des chiffres pour voir s'il est divisible par 3).

### 4.3.6. Divisibilité par sept.

1$^{re}$ méthode : Cette méthode est valable pour les petits nombres, inférieurs à mille. Soit 579 le nombre dont on cherche s'il est divisible par sept. On commence par supprimer le chiffre des unités soit ici 9 donc on obtient le nombre 57. On retranche à ce nombre le double de l'unité qui a été enlevée. On obtient donc 57 − 2·9 = 57 − 18 = 39. Ce nombre n'étant pas divisible par sept le nombre initial ne l'est pas non plus.

2ᵉ méthode : Cette méthode est valable pour les grands nombres. Soit à déterminer si 7 859 615 625 est divisible par sept. On partage le nombre en tranches de trois chiffres en partant des unités, puis on intercale alternativement des « moins » et des « plus » en partant du début du nombre, puis on effectue l'opération. On obtient donc 7 − 859 + 615 − 625 = − 862. On vérifie alors si ce nombre est divisible par sept, par la première méthode, sans se préoccuper du signe. On a ici 86 − 4 = 82 qui n'est pas divisible par sept. Le nombre 7 859 615 625 n'est donc pas divisible par sept.

Par contre, le nombre 11 186 est divisible par 7. En effet, on a 11 − 186 = − 175 = − 25·7.

### 4.3.7. Divisibilité par huit.

Un nombre est divisible par huit si et seulement si le nombre formé par ses trois derniers chiffres est divisible par huit. Ainsi 48 968 est divisible par huit car 968 l'est. Par contre 748 985 684 ne l'est pas car 684 n'est pas divisible par 8.

### 4.3.8. Divisibilité par neuf.

Un nombre est divisible par neuf si et seulement si la somme de ses chiffres est divisible par neuf. Ainsi 7 845 966 est divisible par neuf car la somme 45 de ses chiffres est divisible par neuf. On peut évidemment comme pour la divisibilité par trois, supprimer les chiffres dont la somme vaut 9 ou un multiple de 9. Ici, on peut supprimer 8, 4, et 6, puis 7,

# CALCUL MENTAL

5 et 6, puis le 9 restant. On obtient donc 0 qui est un multiple de 9 (0 est multiple de tout nombre car $0 = 0 \cdot a$, a étant un nombre quelconque).

### 4.3.9. Divisibilité par dix.

Un nombre est divisible par dix si et seulement si son chiffre des unités est zéro. Ainsi 748 956 240 est divisible par dix alors que 148 459 487 ne l'est pas.

### 4.3.10. Divisibilité par onze.

Un nombre est divisible par onze si et seulement si la différence entre la somme des chiffres de rang pair et la somme des chiffres de rang impair est divisible par onze. Ainsi 15 689 756 n'est pas divisible par onze car la somme des chiffres de rang impair $6 + 7 + 8 + 5 = 26$ moins la somme des chiffres de rang pair $5 + 9 + 6 + 1 = 21$, c'est-à-dire $26 - 21 = 5$ n'est pas divisible par onze. Par contre 2838 l'est car $(8 + 8) - (2 + 3) = 16 - 5 = 11$ qui est divisible par 11.

### 4.3.11. Divisibilité par douze.

Un nombre est divisible par douze si et seulement si il est divisible à la fois par trois et par quatre. Ainsi 4 789 548 est divisible par douze car 48 est divisible par quatre et la somme des chiffres qui est 45 est divisible par trois. Par contre, 4 589 662 233 n'est pas divisible par douze car il est divisible par trois mais pas par quatre (33 n'est pas divisible par quatre). Il faut remarquer que puisque l'on voit immédiatement que 33 n'est pas divisible par quatre, il est inutile de continuer.

### 4.3.12. Divisibilité par treize.

## CALCUL MENTAL

Pour savoir si un nombre est divisible par treize, on enlève à ce nombre le chiffre des unités et on ajoute quatre fois ce même chiffre au nombre ainsi formé. Le nombre est divisible par treize si le nombre obtenu l'est. Toutefois, cette méthode nécessite des itérations. En effet, soit 47 895 621 un nombre dont on cherche à savoir s'il est divisible par treize. On ôte le 1 des unités ce qui donne le nombre 4 789 562 auquel on ajoute quatre fois ce même 1 ce qui donne le nombre 4 789 566. Il est alors nécessaire de poursuivre la méthode. On ôte le 6 et on obtient 478 956 puis 478 980 en ajoutant quatre fois ce 6. On continue et l'on obtient 47 906. Puis 4814. Et encore 497. Et enfin 77 qui n'est pas divisible par treize donc le nombre initial 47 895 621 ne l'est pas.

### 4.3.13. Divisibilité par quatorze.

Un nombre est divisible par quatorze si et seulement si il est à la fois divisible par sept et par deux. Ainsi 756 est divisible par quatorze, mais 14 789 584 583 ne l'est pas. Là encore, il suffit de voir (immédiatement) que le nombre n'est pas divisible par deux pour en déduire qu'il n'est pas divisible par quatorze.

### 4.3.14. Divisibilité par quinze.

Un nombre est divisible par quinze si et seulement si il est divisible à la fois par cinq et par trois. Ainsi 485 985 est divisible par quinze tandis que 48 975 963 564 ne l'est pas. Et la remarque du paragraphe précédent s'applique ici, car l'on voit instantanément que ce nombre n'est pas divisible par cinq.

### 4.3.15. Divisibilité par seize.

## CALCUL MENTAL

Un nombre est divisible par seize si et seulement si le nombre formé des quatre derniers chiffres est divisible par seize. Ainsi 7744 est divisible par seize, mais 47 895 895 ne l'est pas (il est terminé par 5 donc ne peut être divisible par seize).

### 4.3.16. Divisibilité par dix-sept.

Pour savoir si un nombre est divisible par dix-sept, il faut ôter le chiffre des unités puis retirer cinq fois ce chiffre au nombre obtenu. Le nombre est divisible par dix-sept si ce dernier nombre l'est. Bien sûr, il faudra parfois, dans le cas d'un grand nombre, effectuer des itérations. Par exemple, le nombre 47 568 est-il divisible par dix-sept ? On commence par ôter 8 au nombre qui devient 4756. On ôte ensuite cinq fois l'unité 8, le nombre devient 4716. Une seconde étape donne le nombre 441 et une troisième donne enfin le nombre 39 qui n'est pas divisible par dix-sept. Le nombre 47 568 n'est donc pas divisible par dix-sept. Par contre, le nombre 1 342 184 l'est. On obtient successivement 134 218, 134 198, 13 419, 13 379, 1337, 1292, 129, 119 qui est égal à 7·17.

### 4.3.17. Divisibilité par vingt-cinq.

Un nombre est divisible par vingt-cinq si et seulement si ses deux derniers chiffres sont 00, 25, 50 ou 75. Ainsi, 48 795 675 est divisible par vingt-cinq mais 145 874 976 ne l'est pas.

### 4.3.18. Divisibilité par cinquante.

Un nombre est divisible par cinquante si et seulement si ses deux derniers chiffres sont 00 ou 50. De ce fait, 489 750 est divisible par cinquante tandis que 147 895 456 ne l'est pas.

CALCUL MENTAL

### 4.3.19. Divisibilité par cent.

Un nombre est divisible par cent si et seulement si il se termine par 00. Ainsi 4 578 951 200 est divisible par cent tandis que 145 325 489 ne l'est pas.

### 4.3.20. Divisibilité par mille.

Un nombre est divisible par mille si et seulement si il se termine par trois zéros. Ainsi 149 569 000 est divisible par mille alors que 148 147 156 ne l'est pas.

### 4.4. Décomposition d'un nombre entier en produit de facteurs premiers.

Le théorème fondamental de l'arithmétique dit que tout nombre entier supérieur ou égal à 2 peut se mettre sous la forme d'un produit de facteurs premiers chacun d'eux étant élevé à une puissance convenable, l'ordre des facteurs étant sans importance. Un nombre premier est un nombre qui a exactement deux diviseurs. Ainsi 1 n'est pas premier car il n'a qu'un diviseur qui est lui-même. Et 13 est premier car il n'est divisible que par 13 et par 1, soit exactement deux diviseurs. 0, lui, n'est pas premier car il a une infinité de diviseurs (tous les entiers strictement positifs sont des diviseurs de 0). Il est à noter que 2 est le seul nombre premier pair.

Pour décomposer un nombre en produit de facteurs premiers, il faut donc le diviser successivement par tous les nombres premiers, jusqu'à ce qu'il ne reste qu'un nombre qui soit lui-même un facteur premier. Un exemple éclaircira ce processus. Pour effectuer une décomposition en facteurs premiers, vous pourrez, soit poser les opérations, soit utiliser une calculatrice, soit si vous vous sentez bien entraîné, effectuer tous les calculs de tête (c'est après tout le but de votre entraînement). Comme exemple décomposons 15 648 en produit de facteurs premiers. On voit que ce nombre est divisible par 8 soit $2^3$ et on trouve 1956 qui à son tour est divisible par 4 ce qui donne 489. Le facteur premier 2 doit donc être élevé à la puissance 5. Continuons en cherchant si 489 est divisible par 3. C'est le cas et le résultat de la division est 163. Ce nombre n'est pas divisible par 5, ni par 7, ni par 11. On s'arrête là parce que $13^2 = 169$ qui est supérieur à 163, donc on ne peut pas trouver de diviseur premier à 163 qui est donc lui-même un nombre premier.

La décomposition de 15 648 en produit de facteurs premiers est donc :

$$15\ 648 = 2^5 \cdot 3 \cdot 163.$$

Décomposons maintenant le nombre 75 361 en produit de facteurs premiers. Ce nombre n'est divisible ni par 2, ni par 3, ni par 5, ni par 7 mais il l'est par 11 ce qui donne 6851 qui à son tour est divisible par 13 ce qui donne 527 qui est divisible par 17 donnant 31 qui est lui-même un nombre premier. La décomposition s'arrête donc là et l'on a :

$$75\ 361 = 11 \cdot 13 \cdot 17 \cdot 31.$$

### 4.5. Une erreur fréquente sur les pourcentages.

Supposons qu'un article que vous voulez acheter vaille 100 euros. Le jour où vous êtes prêt(e) à acheter, l'article augmente de 10 %. Mais le marchand se ravise et baisse son prix de 10 %. On voit souvent l'erreur qui consiste à dire que le prix est revenu à sa valeur initiale. Eh bien, non ! En effet l'augmentation de 10 % fait monter le prix à 110 euros. Mais la baisse le fait redescendre de 10 %

de 110 euros soit 11 euros et le nouveau prix s'établit donc à 109 euros qui est inférieur au prix de départ. De la même manière si un article vaut 100 euros et que le marchand fait une ristourne de 10 %, puis se ravisant remonte le prix de 10 %, le prix final n'est pas revenu à 100 euros. En effet la baisse de 10 % amène le prix à 90 euros et la ré-augmentation de 10 % l'amène à 99 euros.

### 4.6. Une « arnaque » commerciale.

Avez-vous remarqué que beaucoup d'articles en magasin ou en ligne ont un prix du genre 4,99 euros, c'est-à-dire quasiment 5 euros. Or, si les commerçants persistent à placarder des prix de ce genre, c'est qu'ils y trouvent bénéfice. En fait, alors que vous devriez voir 5 euros, votre cerveau voit 4 euros et vous incite à acheter l'article en question. Ce procédé marketing porte un nom, le « prix magique » (appelé parfois « prix en trompe l'œil »), à ne pas confondre avec le « prix psychologique » qui est celui auquel le client est prêt à acheter.

### 4.7. Exercices.

#### 4.7.1. Divisions.

Effectuer les divisions suivantes avec 2 chiffres après la virgule:

1) 125/47 ;
2) 4789/16 ;
3) 4895/17 ;
4) 140 568/45 ;
5) 148/0,25 ;
6) 45 968/0,5 ;
7) 89 456/0,75 ;

# CALCUL MENTAL

8) 145/25 ;
9) 458 456/0,4.

### 4.7.2. Décomposition en produit de facteurs premiers.

Décomposer les nombres suivants en produit de facteurs premiers :

1) 440 ;
2) 3960 ;
3) 2730 ;
4) 4199 ;
5) 24167 ;
6) 9196.

### 4.7.3. Divisibilité.

Les nombres suivants sont-ils divisibles par 2 ? par 5 ? par 11 ? par 13 ? par 17 ?

1) 548 ;
2) 654 ;
3) 879 ;
4) 4587 ;
5) 5630 ;
6) 4789 ;
7) 6451 ;
8) 544.

# CALCUL MENTAL

CALCUL MENTAL

# CHAPITRE V :
# EXTRACTION D'UNE RACINE CARRÉE

### 5.1. Racine carrée exacte.

On sait par hypothèse que le nombre dont on doit extraire la racine carrée est un carré parfait.

Soit par exemple à extraire mentalement la racine carrée de 1764. On divise le nombre en tranches de deux chiffres en partant de la droite (éventuellement il reste un seul chiffre tout à gauche). On commence par extraire la racine carrée approchée par défaut du premier groupe de chiffres à gauche. Ainsi, dans notre cas, le premier chiffre de la racine carrée ne peut être que 4 (c'est le chiffre dont le carré est le plus proche de 17 mais inférieur ($4^2 < 17$ et $5^2 > 17$). Le second chiffre (la racine carrée sera un nombre de deux chiffres car $40^2 = 1600$ et $45^2 = 2025$) peut être 2 ou 8 (pour avoir un chiffre des unités de 4). $48^2$ est supérieur à $45^2 = 2025$. Ainsi 8 ne peut pas convenir, donc la solution est 42.

Extrayons maintenant la racine carrée de 4489. Le premier chiffre sera donc 6 ($6^2 < 44$ et $7^2 > 44$). Le second chiffre (ici aussi la racine carrée aura deux chiffres) ne peut être que 3 ou 7 (pour avoir un chiffre des unités de 9). Comme $63^2$ est inférieur à $65^2 = 4225 < 4489$, Le résultat est donc 67.

À titre de dernier exemple calculons la racine carrée de 1521. Le premier chiffre est 3 ($3^2 < 15$ et $4^2 > 15$). Le deuxième chiffre peut être 1 ou 9 (car le chiffre des unités

## CALCUL MENTAL

est 1). On voit rapidement que 1 ne peut pas convenir parce que $31^2 < 35^2 = 1225 < 1521$. La solution est donc 39.

Jusqu'à présent, nous n'avons extrait la racine carrée que de nombres à quatre chiffres. On commence alors par extraire la racine carrée du nombre formé par les deux premiers chiffres puis on termine en se servant uniquement du dernier chiffre.

Qu'en est-il si l'on cherche à extraire la racine carrée d'un nombre à cinq chiffres ?

Calculons par exemple la racine carrée de 44 944. On découpe (mentalement) le nombre en tranches de deux chiffres en partant de la droite. On obtient donc les nombres 4, 49, et 44. On commence par extraire la racine carrée du premier nombre, qui est 4. Sa racine carrée est donc 2. Le dernier chiffre de la racine carrée ne peut être que 2 ou 8. Quel est l'ordre de grandeur du résultat ? (afin de savoir si la racine carrée a deux ou trois chiffres). $200^2 = 40\,000$. La racine carrée possédera trois chiffres. Il s'agit alors de procéder par approximations successives.

$210^2 = 44\,100$ ; $220^2 = 48\,400$ ; $230^2 = 52\,900$.

(en fait on calcule les carrés successifs de 21, 22, 23... grâce à l'identité remarquable déjà vue :

$$(a + 1)^2 = a^2 + 2 \cdot a + 1).$$

Le nombre dont on veut extraire la racine carrée est 44 944, donc sa racine carrée se situe entre 210 et 220. On voit que 220 est trop grand donc les deux premiers chiffres de la racine carrée sont 2 et 1. Compte tenu de ce qui précède sur la valeur du dernier chiffre de cette racine carrée,

## CALCUL MENTAL

celle-ci ne peut être que 212 ou 218. Servons-nous de la facilité à obtenir le carré d'un nombre se terminant par cinq. On a $215^2 = 46\ 225$ qui est supérieur à 44 944. Le dernier chiffre de la racine carrée est donc 2 ce qui fait que la racine carrée exacte de 44 944 est 212.

**Remarque 1** : Si l'on cherche à déterminer la racine carrée exacte d'un nombre de trois chiffres, il faut d'abord trouver la racine carrée (approchée par défaut) du premier chiffre. Ainsi, calculons la racine carrée de 289. La racine carrée par défaut de 2 est 1. Le dernier chiffre est 9 donc la racine carrée se termine par 3 ou 7. On a $13^2 = 169$. Donc la racine carrée de 289 est 17.

En pratique, avec de l'entraînement, vous vous rendrez compte que vous connaissez les carrés des nombres jusqu'à 30.

**Remarque 2** : Un carré parfait ne peut jamais se terminer par 2, 3, 7 ou 8. En effet on a la correspondance suivante entre le chiffre des unités d'un nombre quelconque et le chiffre des unités du carré de ce nombre :

| nombre | carré |
|--------|-------|
| 0 | 0 |
| 1 | 1 |
| 2 | 4 |
| 3 | 9 |
| 4 | 6 |
| 5 | 5 |
| 6 | 6 |
| 7 | 9 |
| 8 | 4 |
| 9 | 1 |

## CALCUL MENTAL

Donc si l'on vous demande si 489 159 458 est un carré parfait, vous pouvez répondre non sans hésitation.

### 5.2. Racine carrée approchée.

Nous allons essayer de calculer la racine carrée approchée d'un nombre quelconque de deux à quatre chiffres.

Soit à calculer la racine carrée approchée de 2837. On divise le nombre en tranches de deux chiffres comme pour la racine carrée exacte. Le premier chiffre se calcule comme précédemment. On trouve donc pour notre exemple 5 ($5^2 < 28$ et $6^2 > 28$). Il faut ensuite pratiquer un encadrement du résultat de la façon suivante : $50^2 = 2500$, $51^2 = 2601$ (on calcule les puissances successives en utilisant l'identité remarquable $(a + 1)^2 = a^2 + 2 \cdot a + 1$)), $52^2 = 2704$, $53^2 = 2809$, $54^2 = 2916$. La réponse est donc comprise entre 53 et 54. On dira que la racine carrée approchée par défaut de 2837 est 53. L'expression « par défaut » signifie que la valeur trouvée est inférieure à la valeur réelle de la racine carrée.

Calculons maintenant la racine carrée approchée par défaut de 6632. Le premier chiffre est donc 8 (car $8^2 < 66$ et $9^2 > 66$). On doit ensuite calculer la série des puissances de 80, 81, 82,... soit $80^2 = 6400$, $81^2 = 6561$, $82^2 = 6724$... La racine carrée de 6632 approchée par défaut est donc 81.

Nous nous limiterons aux racines carrées approchées par défaut à l'unité près de nombres de deux à quatre chiffres. Au-delà, les calculs deviendraient trop complexes pour être effectués mentalement.

# CALCUL MENTAL

Pour continuer l'extraction de la racine carrée approchée par défaut avec une décimale (au-delà ce serait trop difficile mentalement) on procède comme suit.

Reprenons l'exemple de la racine carrée de 6632. On part de 81 dont on sait que c'est la racine carrée par défaut sans décimale. Et on calcule les puissances successives $810^2$, $811^2$, $812^2$..., comme précédemment. On obtient 656 100, 657 721, 659 344, 660 969, 662 596, 664 225. Et l'on peut arrêter là. La racine carrée par défaut avec une décimale de 6632 est donc 81,4. Mais pour en arriver là, il vous faudra acquérir une grande maîtrise des autres opérations.

5.3. <u>Exercices</u>.

**Calculer les racines carrées exactes de :**

1) 3136 ;
2) 4761 ;
3) 841 ;
4) 1681.

**Calculer les racines carrées approchées par défaut à l'unité près de :**

1) 1568 ;
2) 4789 ;
3) 9999 ;
4) 5478 ;
5) 4875 ;
6) 6548 ;

# CALCUL MENTAL

CALCUL MENTAL

# CHAPITRE VI : SOLUTION DES EXERCICES

**6.1. <u>Addition</u>.**

1) 68 ;
2) 167 ;
3) 146 ;
4) 99 ;
5) 1 242 ;
6) 12 677 ;
7) 6 350 ;
8) 1 068 ;
9) 14 020 ;
10) 33 411 ;
11) 155 062 ;
12) 121.

**6.2. <u>Soustraction</u>.**

1) 353 ;
2) 14 ;
3) 3 309 ;
4) 331 ;
5) 62 ;
6) − 43 ;
7) 576 ;
8) 6 553 ;
9) 46 687 ;
10) − 11 026 ;
11) − 2 392 ;
12) 583.

# CALCUL MENTAL

## 6.3. Multiplication.

**Exercices du § 3.1.6.**

1) 5 625 ;
2) 7 225 ;
3) 900 ;
4) 442 ;
5) 5 472 ;
6) 3 354 ;
7) 2 499 ;
8) 280 586 ;
9) 56 088 ;
10) 6 716 655 ;
11) 1 125 ;
12) 9 408 ;
13) 7 335 ;
14) 1 113 ;
15) 5 115 ;
16) 7 678.

**Exercices du § 3.1.9.7.**

1) 133,5 ;
2) 359,25 ;
3) 293,5 ;
4) 37 ;
5) 124,5 :
6) 2 013 ;
7) 374,5 :
8) 2 299 ;
9) 150 784 ;
10) 25 424.

# CALCUL MENTAL

**6.4. Division.**

**Exercices du § 4.7.1.**

1) 2,66 ;
2) 299,31 ;
3) 287,94 ;
4) 3 123,73 ;
5) 592 ;
6) 91 936 ;
7) 119 274,67 ;
8) 5,8 ;
9) 1 146 140.

**Exercices du § 4.7.2.**

1) $2^3 \cdot 5 \cdot 11$ ;
2) $2^3 \cdot 3^2 \cdot 5 \cdot 11$ ;
3) $2 \cdot 3 \cdot 5 \cdot 7 \cdot 13$ ;
4) $13 \cdot 17 \cdot 19$ ;
5) $11 \cdot 13^3$ ;
6) $4 \cdot 11^2 \cdot 19$.

**Exercices du § 4.7.3.**

1) Par 2 ;
2) Par 2 ;
3) Rien ;
4) Par 11 ;
5) Par 2 et par 5 ;
6) Rien ;
7) Rien ;
8) Par 2 et 17.

# CALCUL MENTAL

## 6.5. Extraction d'une racine carrée.

**Racines carrées exactes :**

1) 56 ;
2) 69 ;
3) 29 ;
4) 41.

**Racines carrées approchées par défaut :**

1) 39 ;
2) 69 ;
3) 99 ;
4) 74 ;
5) 69 ;
6) 80.

CALCUL MENTAL

# ANNEXE :
## Tables de multiplication jusqu'à celle de 15.

Il peut être intéressant quand vous pratiquerez le calcul mental de connaître les tables de multiplication au-delà de celles jusqu'à 9. C'est pourquoi j'expose ci-après toutes les tables jusqu'à celles de 11, 12, 13, 14 et 15.

| Table de 2 | Table de 3 | Table de 4 |
|---|---|---|
| 2·2 = 4 | 3·2 = 6 | 4·2 = 8 |
| 2·3 = 6 | 3·3 = 9 | 4·3 = 12 |
| 2·4 = 8 | 3·4 = 12 | 4·4 = 16 |
| 2·5 = 10 | 3·5 = 15 | 4·5 = 20 |
| 2·6 = 12 | 3·6 = 18 | 4·6 = 24 |
| 2·7 = 14 | 3·7 = 21 | 4·7 = 28 |
| 2·8 = 16 | 3·8 = 24 | 4·8 = 32 |
| 2·9 = 18 | 3·9 = 27 | 4·9 = 36 |
| 2·10 = 20 | 3·10 = 30 | 4·10 = 40 |
| 2·11 = 22 | 3·11 = 33 | 4·11 = 44 |
| 2·12 = 24 | 3·12 = 36 | 4·12 = 48 |
| 2·13 = 26 | 3·13 = 39 | 4·13 = 52 |
| 2·14 = 28 | 3·14 = 42 | 4·14 = 56 |
| 2·15 = 30 | 3·15 = 45 | 4·15 = 60 |

# CALCUL MENTAL

| **Table de 5** | **Table de 6** | **Table de 7** |
|---|---|---|
| 5·2 = 10 | 6·2 = 12 | 7·2 = 14 |
| 5·3 = 15 | 6·3 = 18 | 7·3 = 21 |
| 5·4 = 20 | 6·4 = 24 | 7·4 = 28 |
| 5·5 = 25 | 6·5 = 30 | 7·5 = 35 |
| 5·6 = 30 | 6·6 = 36 | 7·6 = 42 |
| 5·7 = 35 | 6·7 = 42 | 7·7 = 49 |
| 5·8 = 40 | 6·8 = 48 | 7·8 = 56 |
| 5·9 = 45 | 6·9 = 54 | 7·9 = 63 |
| 5·10 = 50 | 6·10 = 60 | 7·10 = 70 |
| 5·11 = 55 | 6·11 = 66 | 7·11 = 77 |
| 5·12 = 60 | 6·12 = 72 | 7·12 = 84 |
| 5·13 = 65 | 6·13 = 78 | 7·13 = 91 |
| 5·14 = 70 | 6·14 = 84 | 7·14 = 98 |
| 5·15 = 75 | 6·15 = 90 | 7·15 = 105 |

# CALCUL MENTAL

| Table de 8 | Table de 9 | Table de 10 |
|---|---|---|
| 8·2 = 16 | 9·2 = 18 | 10·2 = 20 |
| 8·3 = 24 | 9·3 = 27 | 10·3 = 30 |
| 8·4 = 32 | 9·4 = 36 | 10·4 = 40 |
| 8·5 = 40 | 9·5 = 45 | 10·5 = 50 |
| 8·6 = 48 | 9·6 = 54 | 10·6 = 60 |
| 8·7 = 56 | 9·7 = 63 | 10·7 = 70 |
| 8·8 = 64 | 9·8 = 72 | 10·8 = 80 |
| 8·9 = 72 | 9·9 = 81 | 10·9 = 90 |
| 8·10 = 80 | 9·10 = 90 | 10·10 = 100 |
| 8·11 = 88 | 9·11 = 99 | 10·11 = 110 |
| 8·12 = 96 | 9·12 = 108 | 10·12 = 120 |
| 8·13 = 104 | 9·13 = 117 | 10·13 = 130 |
| 8·14 = 112 | 9·14 = 126 | 10·14 = 140 |
| 8·15 = 120 | 9·15 = 135 | 10·15 = 150 |

CALCUL MENTAL

| Table de 11 | Table de 12 | Table de 13 |
|---|---|---|
| 11·2 = 22 | 12·2 = 24 | 13·2 = 26 |
| 11·3 = 33 | 12·3 = 36 | 13·3 = 39 |
| 11·4 = 44 | 12·4 = 48 | 13·4 = 52 |
| 11·5 = 55 | 12·5 = 60 | 13·5 = 65 |
| 11·6 = 66 | 12·6 = 72 | 13·6 = 78 |
| 11·7 = 77 | 12·7 = 84 | 13·7 = 91 |
| 11·8 = 88 | 12·8 = 96 | 13·8 = 104 |
| 11·9 = 99 | 12·9 = 108 | 13·9 = 117 |
| 11·10 = 110 | 12·10 = 120 | 13·10 = 130 |
| 11·11 = 121 | 12·11 = 132 | 13·11 = 143 |
| 11·12 = 132 | 12·12 = 144 | 13·12 = 156 |
| 11·13 = 143 | 12·13 = 156 | 13·13 = 169 |
| 11·14 = 154 | 12·14 = 168 | 13·14 = 182 |
| 11·15 = 165 | 12·15 = 180 | 13·15 = 195 |

# CALCUL MENTAL

| Table de 14 | Table de 15 |
|---|---|
| 14·2 = 28 | 15·2 = 30 |
| 14·3 = 42 | 15·3 = 45 |
| 14·4 = 56 | 15·4 = 60 |
| 14·5 = 70 | 15·5 = 75 |
| 14·6 = 84 | 15·6 = 90 |
| 14·7 = 98 | 15·7 = 105 |
| 14·8 = 112 | 15·8 = 120 |
| 14·9 = 126 | 15·9 = 135 |
| 14·10 = 140 | 15·10 = 150 |
| 14·11 = 154 | 15·11 = 165 |
| 14·12 = 168 | 15·12 = 180 |
| 14·13 = 182 | 15·13 = 195 |
| 14·14 = 196 | 15·14 = 210 |
| 14·15 = 210 | 15·15 = 225 |

# CALCUL MENTAL

CALCUL MENTAL

*PAGE POUR CALCULS*

CALCUL MENTAL

*PAGE POUR CALCULS*

# CALCUL MENTAL

## *PAGE POUR CALCULS*

CALCUL MENTAL

*PAGE POUR CALCULS*

# CALCUL MENTAL

## *PAGE POUR CALCULS*

CALCUL MENTAL

*PAGE POUR CALCULS*

www.ingramcontent.com/pod-product-compliance
Lightning Source LLC
Chambersburg PA
CBHW080504220526
45465CB00006B/2371